75

Convex Optimization
Algorithms and Complexity

凸优化
算法与复杂性

[美] 塞巴斯蒂安·布贝克　　　著
（Sébastien Bubeck）

刘晓骏　译

机械工业出版社
CHINA MACHINE PRESS

图书在版编目（CIP）数据

凸优化: 算法与复杂性 /（美）塞巴斯蒂安·布贝克著; 刘晓骏译 . -- 北京: 机械工业出版社，
2021.5（2025.1 重印）
（华章数学译丛）
书名原文: Convex Optimization: Algorithms and Complexity
ISBN 978-7-111-68351-3

Ⅰ. ①凸⋯　Ⅱ. ①塞⋯ ②刘⋯　Ⅲ. ①凸分析 - 英文　Ⅳ. ① O174.13

中国版本图书馆 CIP 数据核字（2021）第 095627 号

北京市版权局著作权合同登记　图字：01-2020-2380 号。

Authorized translation of the English edition entitled *Convex Optimization: Algorithms and Complexity* by Sébastien Bubeck, © 2015 Sébastien Bubeck.

All rights reserved.This edition is published and sold by permission of Now Publishers, Inc., the owner of all rights to publish and sell the same.

Chinese simplified language edition published by China Machine Press. Copyright © 2021.

本书介绍了凸优化中的主要复杂性定理及其相应的算法，内容从黑箱优化的基本理论到结构优化和随机优化的新进展。书中对黑箱优化的介绍深受 Nesterov 的开创性著作和 Nemirovski 讲稿的影响，包括对割平面法的分析，以及（加速）梯度下降方法。本书特别关注非欧几里得的情形（相关算法包括 Frank-Wolfe、镜像下降和对偶平均法），并讨论它们在机器学习中的相关性。还详细介绍 FISTA（优化一个光滑项和一个简单非光滑项的和）、鞍点镜像代理（Nemirovski 平滑替代 Nesterov 平滑），并简明地描述内点法。在随机优化中，还讨论了随机梯度下降、小批量、随机坐标下降和次线性算法。最后简单地讨论了组合问题的凸松弛和随机取整（四舍五入）解的使用，以及基于随机游动的方法。

出版发行：机械工业出版社（北京市西城区百万庄大街 22 号　邮政编码：100037）
责任编辑：王春华　　柯敬贤　　　　　　　　　责任校对：殷　虹
印　　刷：固安县铭成印刷有限公司　　　　　　版　　次：2025 年 1 月第 1 版第 3 次印刷
开　　本：186mm×240mm　1/16　　　　　　　印　　张：8.5
书　　号：ISBN 978-7-111-68351-3　　　　　　定　　价：59.00 元

客服电话：（010）88361066　88379833　68326294

译 者 序

凸优化的数学研究已经有一个世纪了，最近的一些相关发展也激发了人们对这个问题的新兴趣. 首先是认识到在 20 世纪 80 年代发展起来用于解决线性规划的内点法，也可以用来解决凸优化问题. 这种方法使我们能够解决某些新的凸优化问题，如半定规划和二阶锥规划，几乎与线性规划一样容易.

第二个发展是发现凸优化问题(超越最小二乘法和线性规划)在实践中使用得更普遍. 自 1990 年以来，在自动控制系统、估计和信号处理、通信和网络、电子电路设计、数据分析和建模、统计和金融等领域已发现许多凸优化的应用. 凸优化在组合优化和全局优化中也有着广泛的应用，如被用来寻找最优值的界，以及近似解. 我们相信凸优化还有许多其他应用有待发现.

将一个问题识别或表述为凸优化问题有很大的优势. 最基本的优点是，使用内点法或其他特殊的凸优化方法可以非常可靠和有效地解决问题. 这些求解方法是可靠的，可以嵌入到计算机辅助设计或分析工具中，甚至可以嵌入到实时反应或自动控制系统中. 将问题描述为凸优化问题也有理论或概念上的优势. 例如，相关联的对偶问题通常对原始问题存在一个有趣的解释，有时会产生一个有效的或分布式的解决方法.

本书主要由六章组成. 第 1 章综合介绍了一些机器学习中的凸优化问题和凸性的基本性质，以及凸性质存在的意义. 第 2 章主要介绍有限维凸优化方法，包括重心法、椭球法、Vaidya 割平面法以及共轭梯度法. 第 3 章主要介绍维度无关的凸优化方法，包括 Lipschitz 函数的投影次梯度下降、光滑函数的梯度下降、条件梯度下降、几何下降以及 Nesterov 加速梯度下降. 第 4 章主要介绍镜像下降的非欧氏空间与维度无关的凸优化方法以及关于 MD、DA 和 MP 的向量场观点. 第 5 章主要介绍迭代收缩阈值算法、快速 ISTA 算法、CMD 和 RDA 算法、鞍点镜像下降法的超越黑箱模型,以及超越黑箱模型的实际应用. 第 6 章主要介绍凸优化和随机性的结合,包括(非)光滑随机优化、随机坐标下降、鞍点的随机加速、凸松弛与随机取整以及基于随机游动的方法.

本书是 Sébastien Bubeck 教授凝聚多年心血,专门为计算机科学家打造的一本专著,它内容翔实,推导过程简洁,主要把机器学习中涉及的凸优化设计思想,通过简练的数学语言进行了阐述. 在此,我也推荐读者在阅读本书时,通过自己擅长的计算机语言进行相关算法实现,并对实现过程进行性能优化和延伸. 本书可以考虑作为计算机科学、软件工程、统计学、应用数学、数据科学与大数据、人工智能等专业本科生和研究生的基础教材,也可作为数据科学家、工程师和科研人员的案头工具书.

本书主要由刘晓骏负责翻译、校对、审核、统稿和定稿,郭涛及其团队参与了译稿的校对工作,在此对他们表示衷心感谢. 感谢机械工业出版社王春华编辑和柯敬贤编辑,他们在本书的翻译和出版过程中给了我悉心的指导. 感谢所有参与本书出版的出版社工作人员对本书做出的贡献.

为了能够让读者尽快读到这本书,我加快了翻译进度,但本书涵盖内容多,翻译难度大,任务重,加上本人翻译水平有限,在翻译过程中难免有错漏之处,欢迎读者在阅读过程中将关于本书的勘误、存在的问题和完善意见提交到 Github(https://github.com/guotao0628/P-S-for-Computer-Scientists).

刘晓骏

2020 年夏于华南理工大学

致　谢

　　本书源于 2013 年和 2014 年在普林斯顿大学所做的讲座. 我要感谢 Mike Jordan 对这个项目的支持. 我还要感谢四位审阅人，特别是 Francis Bach，他的评论很好地帮助我在本书中使用了大量的优化文献. 最后，我要感谢 Philippe Rigollet 提出了新书名（前一个版本名为 *Theory of Convex Optimization for Machine Learning*），并感谢 Yin-Tat Lee 对割平面法进行的许多有见地的讨论.

目　　录

译者序

致谢

第1章　绪论 ……………………… 1

1.1　机器学习中的若干凸优化问题 …… 1

1.2　凸性的基本性质 ……………… 3

1.3　凸性的作用 …………………… 5

1.4　黑箱模型 ……………………… 7

1.5　结构性优化 …………………… 8

1.6　结果的概述和免责声明 ………… 9

第2章　有限维的凸优化 ………… 12

2.1　重心法 ………………………… 12

2.2　椭球法 ………………………… 14

2.3　Vaidya割平面法 ……………… 18

2.3.1　体积障碍 ……………… 19

2.3.2　Vaidya算法 …………… 20

2.3.3　Vaidya方法分析 ……… 20

2.3.4　限制条件和体积障碍 … 22

2.4　共轭梯度 ……………………… 26

第3章　维度无关的凸优化 ……… 30

3.1　Lipschitz函数的投影次梯度

下降 ……………………… 31

3.2　光滑函数的梯度下降 ………… 33

3.3　条件梯度下降 ………………… 39

3.4　强凸性 ………………………… 43

3.4.1　强凸函数和Lipschitz

函数 ……………… 44

3.4.2　强凸光滑函数 ………… 45

3.5　下限 …………………………… 47

3.6　几何下降 ……………………… 52

3.6.1　热身赛：梯度下降的几何学

替代方案 ………… 53

3.6.2　加速度 ………………… 55

3.6.3　几何下降法 …………… 56

3.7　Nesterov加速梯度下降 ……… 58

3.7.1　光滑强凸情况 ………… 58

3.7.2　光滑的情况 …………… 62

第4章　非欧氏空间几乎维度无关

的凸优化 ………………… 65

4.1　镜像映射 ……………………… 66

4.2　镜像下降 ……………………… 67

4.3　镜像下降的标准设置 ………… 70

4.4　惰性镜像下降 ………………… 72

4.5　镜像代理 ……………………… 74

4.6　关于MD、DA和MP的向量场

观点 ……………………… 76

第5章　超越黑箱模型 …………… 78

5.1　光滑项与简单非光滑项之和 … 78

5.2　非光滑函数的光滑鞍点表示 … 80

5.2.1　鞍点计算 ……………… 81

5.2.2　鞍点镜像下降 ………… 82

5.2.3　鞍点镜像代理 ………… 83

5.2.4　应用 …………………… 84

5.3　内点法 ············ 87

　　5.3.1　障碍法 ··········· 87

　　5.3.2　牛顿法的传统分析 ··· 88

　　5.3.3　自和谐函数 ······· 90

　　5.3.4　ν-自和谐障碍 ······· 92

　　5.3.5　路径跟踪方案 ······ 95

　　5.3.6　线性规划和半定规划的

　　　　　内点法 ··········· 96

第6章　凸优化与随机性 ······· 98

6.1　非光滑随机优化 ········ 99

6.2　光滑随机优化与小批量 SGD ··· 100

6.3　光滑函数与强凸函数的和 ········ 103

6.4　随机坐标下降 ·················· 107

　　6.4.1　坐标平滑优化的 RCD

　　　　　算法 ··········· 108

　　6.4.2　用于光滑和强凸优化的

　　　　　RCD ·········· 110

6.5　鞍点的随机加速 ············· 112

6.6　凸松弛与随机取整 ··········· 113

6.7　基于随机游动的

　　　方法 ·················· 117

参考文献 ··················· 120

第1章 绪 论

我们主要研究在 $\mathbb{R}^n$ 中的凸函数和凸集.

定义 1.1(凸集和凸函数) 集合 $\mathcal{X} \subset \mathbb{R}^n$ 如果包含它的所有部分, 即

$$\forall (x, y, \gamma) \in \mathcal{X} \times \mathcal{X} \times [0, 1], \ (1-\gamma)x + \gamma y \in \mathcal{X}$$

则集合 $\mathcal{X}$ 称为凸的. 函数 $f: \mathcal{X} \to \mathbb{R}$ 如果总是位于弦⊖的下方, 即

$$\forall (x, y, \gamma) \in \mathcal{X} \times \mathcal{X} \times [0, 1], \ f((1-\gamma)x + \gamma y) \leqslant (1-\gamma)f(x) + \gamma f(y)$$

则函数 f 称为凸的.

我们对以凸集 $\mathcal{X}$ 和凸函数 f 作为输入, 并输出 f 在 $\mathcal{X}$ 上的近似最小值的算法感兴趣. 我们将求 f 在 $\mathcal{X}$ 上的最小值问题简洁地表示如下:

$$\min f(x)$$
$$使得 \ x \in \mathcal{X}$$

下面我们将更精确地说明如何将约束集 $\mathcal{X}$ 和目标函数 f 指定给算法. 在此之前, 我们将给出机器学习中凸优化问题的几个重要例子.

1.1 机器学习中的若干凸优化问题

机器学习中的许多基本凸优化问题都有以下形式:

$$\min_{x \in \mathbb{R}^n} \sum_{i=1}^{m} f_i(x) + \lambda \mathcal{R}(x) \tag{1.1}$$

其中, 函数 $f_1, \cdots, f_m, \mathcal{R}$ 是凸的, $\lambda \geqslant 0$ 是一个固定参数. $f_i(x)$ 表示

⊖ 函数 f 上任意两点 $(x, f(x))$ 和 $(y, f(y))$ 之间的线段就是 x 到 y 的弦. ——译者注

在某些数据集的第 i 个元素上使用 x 的成本，$\mathcal{R}(x)$ 是一个正则化项，它对 x 强制执行一些"简单性"．我们现在讨论(1.1)的主要实例．在所有情况下，一个数据集的形式是 $(w_i, y_i) \in \mathbb{R}^n \times \mathcal{Y}$，$i = 1, \cdots, m$，成本函数 f_i 仅取决于值 (w_i, y_i)．想了解这些重要问题起源的更多相关细节可以查阅 Hastie et al.[2001]、Schölkopf 和 Smola[2002]、Shalev-Shwartz 和 Ben-David[2014]．本节的目的仅仅是让读者了解一些具体的凸优化问题，这些问题都是已经被解决的．

在分类中有 $\mathcal{Y} = \{-1, 1\}$．取 $f_i(x) = \max(0, 1 - y_i \mathcal{X}^{\mathrm{T}} w_i)$（所谓的铰链损失）和 $\mathcal{R}(x) = \|x\|_2^2$ 得到 SVM 问题．另一方面，取 $f_i(x) = \log(1 + \exp(-y_i \mathcal{X}^{\mathrm{T}} w_i))$（logistic 损失），再取 $\mathcal{R}(x) = \|x\|_2^2$，得到（正则化）logistic 回归问题．

在回归中，$\mathcal{Y} = \mathbb{R}$．取 $f_i(x) = (x^{\mathrm{T}} w_i - y_i)^2$ 和 $\mathcal{R}(x) = 0$，得到了一个可以用向量表示法重写的一般最小二乘问题

$$\min_{x \in \mathbb{R}^n} \|Wx - Y\|_2^2$$

式中，$W \in \mathbb{R}^{m \times n}$ 是第 i 行上对应 w_i^{T} 且 $Y = (y_1, \cdots, y_n)^{\mathrm{T}}$ 的矩阵．由 $\mathcal{R}(x) = \|x\|_2^2$ 得到岭回归问题，当 $\mathcal{R}(x) = \|x\|_1$ 时，这是 LASSO 问题[Tibshirani[1996]]．

我们最后的两个例子略有不同．特别是变量书写方面，我们用大写字母表示矩阵，比如 X．在给定一些经验协方差矩阵 Y 的情况下，稀疏逆协方差估计问题可以写出如下：

$$\min \mathrm{Tr}(XY) - \log \det(X) + \lambda \|X\|_1$$
$$\text{使得} X \in \mathbb{R}^{n \times n}, \ X^{\mathrm{T}} = X, \ X \geqslant 0$$

直观地说，上述问题只是一个正则极大似然估计（在高斯假设下）．

最后介绍矩阵完备化问题的凸形式．在这里，我们的数据集由对未知矩阵 Y 的一些项的观察值组成，我们希望以这样一种方式"完备化" Y 的

未观察项，生成的矩阵是"简单的"（即它具有低秩）. 经过一定的处理（见 Candès 和 Recht[2009]），（凸）矩阵完备化问题可以表述如下：

$$\min \mathrm{Tr}(X)$$

使得 $X \in \mathbb{R}^{n \times n}$，$X^{\mathrm{T}} = X$，$X \geqslant 0$，$X_{i,j} = Y_{i,j}$，$(i, j) \in \Omega$

这里，$\Omega \subset [n]^2$ 和 $(Y_{i,j})_{i,j \in \Omega}$.

1.2 凸性的基本性质

关于凸集的一个基本结果是分离定理，我们将广泛使用它.

定理 1.1（分离定理） 设 $\mathcal{X} \subset \mathbb{R}^n$ 为闭凸集，$x_0 \in \mathbb{R}^n \setminus \mathcal{X}$，则存在 $w \in \mathbb{R}^n$ 和 $t \in \mathbb{R}$，使得

$$w^{\mathrm{T}} x_0 < t \quad \text{和} \forall x \in \mathcal{X}, \ w^{\mathrm{T}} x \geqslant t$$

注意，如果 $\mathcal{X}$ 不是闭的，那么只能保证 $w^{\mathrm{T}} x_0 \leqslant w^{\mathrm{T}} x$，$\forall x \in \mathcal{X}$（和 $w \neq 0$）. 这就蕴涵了支撑超平面定理（$\partial \mathcal{X}$ 表示 $\mathcal{X}$ 的边界，是没有内部的闭包）：

定理 1.2（支撑超平面定理） 设 $\mathcal{X} \subset \mathbb{R}^n$ 为凸集，$x_0 \in \partial \mathcal{X}$，则存在 $w \in \mathbb{R}^n$，$w \neq 0$，使得

$$\forall x \in \mathcal{X}, \ w^{\mathrm{T}} x \geqslant w^{\mathrm{T}} x_0$$

我们现在介绍次梯度的关键概念.

定义 1.2（次梯度） 令 $\mathcal{X} \subset \mathbb{R}^n$，$f : \mathcal{X} \to \mathbb{R}$. 如果对于任何 $y \in \mathcal{X}$ 有

$$f(x) - f(y) \leqslant g^{\mathrm{T}}(x - y)$$

那么 $g \in \mathbb{R}^n$ 是 f 在 $x \in \mathcal{X}$ 的次梯度，f 在 x 处的次梯度集表示为 $\partial f(x)$.

换言之，对于任何 $x \in \mathcal{X}$ 和 $g \in \partial f(x)$，f 都高于线性函数 $y \mapsto$

$f(x)+g^{\mathrm{T}}(y-x)$. 下一个结果表明(本质上)凸函数总是允许使用次梯度.

命题 1.1(次梯度的存在性)　设 $\mathcal{X}\subset\mathbb{R}^n$ 是凸的，$f:\mathcal{X}\to\mathbb{R}$. 如果 $\forall x\in\mathcal{X}$，$\partial f(x)\neq\varnothing$，那么 f 是凸的. 反之，如果 f 是凸的，那么对于任意 $x\in\mathrm{int}(\mathcal{X})$，$\partial f(x)\neq\varnothing$. 此外，如果 f 在 x 处是凸的且可微的，则 $\nabla f(x)\in\partial f(x)$.

在进行证明之前，我们回顾了函数 $f:\mathcal{X}\to\mathbb{R}$ 的上境图定义：

$$\mathrm{epi}(f)=\{(x,t)\in\mathcal{X}\times\mathbb{R}:t\geqslant f(x)\}$$

很明显，一个函数是凸的当且仅当它的上境图是凸集.

证明　第一个论断几乎是平凡的：设 $g\in\partial f((1-\gamma)x+\gamma y)$，那么根据定义，有

$$f((1-\gamma)x+\gamma y)\leqslant f(x)+\gamma g^{\mathrm{T}}(y-x)$$
$$f((1-\gamma)x+\gamma y)\leqslant f(y)+(1-\gamma)g^{\mathrm{T}}(x-y)$$

通过添加两个不等式(适当地重新缩放)，这清楚地表明 f 是凸的.

现在让我们证明一个凸函数 f 在 $\mathcal{X}$ 的内部有次梯度，我们对函数的上境图使用支撑超平面来构造一个次梯度. 设 $x\in\mathcal{X}$，那么很明显 $(x,f(x))\in\partial\mathrm{epi}(f)$，$\mathrm{epi}(f)$ 是一个凸集. 因此，根据支持超平面定理，存在 $(a,b)\in\mathbb{R}^n\times\mathbb{R}$，使得

$$a^{\mathrm{T}}x+bf(x)\geqslant a^{\mathrm{T}}y+bt,\ \forall(y,t)\in\mathrm{epi}(f) \tag{1.2}$$

显然，让 t 趋向于无穷大，就可以看到 $b\leqslant 0$. 现在让我们假设 x 在 $\mathcal{X}$ 的内部，那么对于 $\varepsilon>0$ 足够小，$y=x+\varepsilon a\in\mathcal{X}$，这意味着 b 不能等于 0(回想一下，如果 $b=0$，那么必然 $a\neq 0$，得出结论矛盾). 因此，对 $t=f(y)$，重新得到(1.2)：

$$f(x)-f(y)\leqslant\frac{1}{|b|}a^{\mathrm{T}}(x-y)$$

因此，$a/|b|\in\partial f(x)$，得出了第二个论断的证明.

最后设 f 为凸可微函数．那么根据定义：

$$f(y)\geqslant\frac{f((1-\gamma)x+\gamma y)-(1-\gamma)f(x)}{\gamma}$$

$$=f(x)+\frac{f(x+\gamma(y-x))-f(x)}{\gamma}$$

$$\underset{\gamma\to 0}{\longrightarrow}f(x)+\nabla f(x)^{\mathrm{T}}(y-x)$$

这表明 $\nabla f(x)\in\partial f(x)$.　　　　　　　　　　　　　　　　□

在一些感兴趣的情况下，一组约束可以有一个**空的内部**，在空的内部，上述命题不产生任何信息．然而，当我们把 $\mathcal{X}$ 看作它生成的仿射子空间的子集时，很容易用 ri($\mathcal{X}$) 来代替 int($\mathcal{X}$) 定义为 $\mathcal{X}$ 的内部，其中 ri($\mathcal{X}$) 是 $\mathcal{X}$ 的相对内部．凸分析的其他概念在该情况下的某些部分将被证明是有用的．特别是闭凸函数这一概念方便排除不可能的情况：具有闭上境图的凸函数．有时考虑通过设定对于 $x\notin\mathcal{X}$，$f(x)=+\infty$，把凸函数 $f:\mathcal{X}\to\mathbb{R}$ 扩展成一个从 $\mathbb{R}^n$ 到 $\overline{\mathbb{R}}$ 的函数．在凸分析中，用真凸函数来表示值在 $\mathbb{R}\cup\{+\infty\}$ **中的凸函数**．使得存在 $x\in\mathbb{R}^n$，满足 $f(x)<+\infty$．**从现在起，所有凸函数都是闭的，如果有必要，我们还考虑它们的真扩展**．我们请读者参阅 Rockafellar[1970] 对这些概念的广泛讨论.

1.3　凸性的作用

最小化凸函数算法成功的关键在于这些函数表现出局部到全局的现象．我们已经在命题 1.1 中看到了这样的一个实例，其中我们证明了 $\nabla f(x)\in\partial f(x)$：梯度 $\nabla f(x)$ 仅包含关于 x 函数 f 的先验局部信息，而次微分 $\partial f(x)$ 以线性下界的形式给出了整个函数的全局信息．这种局部到全局现象的另一个实例是，凸函数的局部极小值实际上是全局极小值：

命题 1.2(局部极小是全局极小)   设 f 是凸的. 如果 x 是 f 的局部最小值，那么 x 是 f 的全局最小值. 此外，当且仅当 $0 \in \partial f(x)$ 时，才会发生这种情况.

证明   显然 $0 \in \partial f(x)$ 当且仅当 x 是 f 的全局最小值. 现在假设 x 是 f 的局部最小值. 那么对于足够小的 γ 和任意 y，我们有

$$f(x) \leqslant f((1-\gamma)x + \gamma y) \leqslant (1-\gamma)f(x) + \gamma f(y)$$

这意味着 $f(x) \leqslant f(y)$，因此 x 是 f 的全局最小值.   □

凸函数的良好表现将允许非常快速的算法来优化它们. 单凭这一点不足以证明这类函数的重要性(毕竟所有常数函数都很容易优化). 然而，令人惊讶的是，许多优化问题都采用了凸(重)构造. Boyd 和 Vandenberghe [2004]一书详细描述了可以揭示优化问题的凸方面的各种方法. 我们在这里不再重复这些论点，但是我们已经看到许多著名的机器学习问题(支持向量机、岭回归、logistic 回归、LASSO、稀疏协方差估计和矩阵完备化)被表述为凸问题.

我们将最优性条件"$0 \in \partial f(x)$"简单推广到约束优化问题. 为简单起见，我们在可微函数的情况下给出这一结果.

命题 1.3(一阶最优性条件)   设 f 是凸的，$\mathcal{X}$ 是满足 f 可微的闭凸集. 那么

$$x^* \in \arg\min_{x \in \mathcal{X}} f(x)$$

当且仅当有

$$\nabla f(x^*)^{\mathrm{T}}(x^* - y) \leqslant 0, \quad \forall y \in \mathcal{X}$$

证明   "当且"方向是平凡的，因为梯度也是次梯度. 对于"仅当"方向，只需注意，如果 $\nabla f(x)^{\mathrm{T}}(y-x) < 0$，则 f 在到 y 的直线上围绕 x 局部递减(仅考虑 $h(t) = f(x + t(y-x))$)，并注意 $h'(0) = \nabla f(x)^{\mathrm{T}}(y-x)$.   □

1.4　黑箱模型

我们现在描述第一个目标函数和约束集的"输入"模型. 在黑箱模型中, 我们假设有无限的计算资源, 约束 $\mathcal{X}$ 的集合是已知的, 目标函数 f: $\mathcal{X} \to \mathbb{R}$ 是未知的, 但是可以通过 oracle 查询来获得:

- 一个零阶的 oracle 接受一个 $x \in \mathcal{X}$ 的点作为输入, 输出 f 在 x 处的值.
- 一阶 oracle 接受一个 $x \in \mathcal{X}$ 的点作为输入, 输出 f 在 x 处的次梯度.

在此情况下, 我们有兴趣了解凸优化的 oracle 复杂性, 即必须经过多少对 oracle 的查询才足以找到凸函数的 ε-近似极小值. 为了显示样本复杂度的上界, 我们需要提出一种算法, 而下界是通过信息论推理获得的(我们需要证明, 如果查询的数量"太少", 那么我们就没有足够的关于函数的信息来确定 ε-近似解).

从数学的角度来看, 黑箱模型的优点在于它使我们能够导出一个完整的凸优化理论, 即我们将获得匹配各种有趣凸函数子类的 oracle 复杂度上下界. 虽然模型本身并不限制我们的计算资源(例如, 允许对约束集 $\mathcal{X}$ 的任何操作), 但我们当然会特别注意算法的计算复杂性(即算法需要执行基本操作的数量). 我们还感兴趣的是, 约束集合 $\mathcal{X}$ 是未知的, 并且只能通过分离 oracle 得到: 给定 $x \in \mathbb{R}^n$, 它要么输出 x 在 $\mathcal{X}$ 中, 要么如果 $x \notin \mathcal{X}$, 那么它输出 x 和 $\mathcal{X}$ 之间的分离超平面.

黑箱模型本质上是在凸优化的早期(20 世纪 70 年代)发展起来的, Nemirovski 和 Yudin[1983]仍然是这一理论的重要参考(另见 Nemirovski [1995]). 近年来, 该模型和相应的算法重新获得了广泛的应用, 主要有两个原因:

- 开发维度无关的 oracle 复杂性的算法是可能的，这对高维优化问题非常有意义.

- 在该模型中开发的许多算法对 oracle 输出中的噪声具有鲁棒性. 这对于随机优化特别有意义，并且与机器学习应用紧密相关. 我们将在第 6 章详细探讨这一点.

第 2 章、第 3 章和第 4 章致力于黑箱模型的研究(第 6 章讨论了噪声 oracle). 我们不讨论只有零阶 oracle 存在的情况，这也称为无导数优化，我们参考 Conn et al.［2009］、Audibert et al.［2011］，以供进一步阅读.

1.5　结构性优化

前一节中描述的黑箱模型对于我们在 1.1 节中讨论的应用规划问题来说似乎非常浪费. 例如，考虑 LASSO 目标：$x \mapsto \|Wx - y\|_2^2 + \|x\|_1$. 我们对这个函数了如指掌，假设我们只能通过 oracle 进行本地查询，这似乎是算法设计的一个人工约束. 结构性优化试图解决这个问题. 最后，为了提出最有效的优化过程，我们希望考虑 f 和 $\mathcal{X}$ 的全局结构. 这项任务的一个非常强大的方法是内点法. 我们将在第 5 章中描述这项技术，以及其他较新的技术，如 FISTA 或 Mirror Prox.

我们简要地描述了两类优化问题，这两类问题是线性规划(LP)和半定规划(SDP). Ben-Tal 和 Nemirovski［2001］描述了一类更一般的二次曲线规划问题，但我们在这里不会朝这个方向深入探讨.

LP 类包含以下问题：对于某些 $c \in \mathbb{R}^n$，$f(x) = c^T x$；对于某些 $A \in \mathbb{R}^{m \times n}$ 和 $b \in \mathbb{R}^m$，$\mathcal{X} = \{x \in \mathbb{R}^n : Ax \leq b\}$.

SDP 类包含优化变量为对称矩阵 $X \in \mathbb{R}^{n \times n}$ 的问题，设 $\mathbb{S}^n$ 为 $n \times n$ 对称矩阵的空间($\mathbb{S}^n_+$ 分别为半正定矩阵的空间)，设 $\langle \cdot, \cdot \rangle$ 为 Frobenius 内积(记得它可以写成 $\langle A, B \rangle = \mathrm{Tr}(A^T B)$). 在 SDP 类中，对于某些 $C \in$

$\mathbb{R}^{n \times n}$，有 $f(x) = \langle X, C \rangle$，对于某些 $A_1, \cdots, A_m \in \mathbb{R}^{n \times n}$ 和 $b \in \mathbb{R}^m$，有 $\mathcal{X} = \{X \in \mathbb{S}_+^n : \langle X, A_i \rangle \leqslant b_i, i \in \{1, \cdots, m\}\}$．注意，1.1 节中描述的矩阵完备化问题是 SDP 的一个例子．

1.6　结果的概述和免责声明

这本书的主要目的是给出凸优化中的主要复杂性定理和相应的算法．我们主要关注凸优化中的五个主要结果，因此，本书的总体结构如下：具有最优 oracle 复杂性的有效割平面方法的存在性（第 2 章）、目标函数中一阶 oracle 复杂性与曲率关系的完整描述方法（第 3 章）、在欧几里得空间以外的一阶方法（第 4 章）、非黑箱方法（如内点法）可以给出相对于最优黑箱方法迭代次数的二次改进（第 5 章），以及一阶方法的噪声鲁棒性（第 6 章）．表 1.1 可作为第 2 章至第 5 章证明的结果以及第 6 章的一些结果的快速参考（最后一章与机器学习紧密联系，但结果也稍微更具体，这使得它们更难总结）．

表 1.1　第 2 章至第 5 章证明的结果和第 6 章的一些结果的摘要

f	算法	速率	♯Iter	成本/迭代
非光滑	重心法	$\exp\left(-\dfrac{t}{n}\right)$	$n\log\left(\dfrac{1}{\varepsilon}\right)$	1∇, $1n\text{-dim}\int$
非光滑	椭球法	$\dfrac{R}{r}\exp\left(-\dfrac{t}{n^2}\right)$	$n^2\log\left(\dfrac{R}{r\varepsilon}\right)$	1∇, 矩阵-向量×
非光滑	Vaidya	$\dfrac{Rn}{r}\exp\left(-\dfrac{t}{n}\right)$	$n\log\left(\dfrac{Rn}{r\varepsilon}\right)$	1∇, 矩阵-矩阵×
二次	CG	完全 $\exp\left(-\dfrac{t}{\kappa}\right)$	$\dfrac{n}{\kappa\log\left(\dfrac{1}{\varepsilon}\right)}$	1∇
非光滑 Lipschitz	PGD	$RL/\sqrt{t}$	R^2L^2/ε^2	1∇, 1 投影

（续）

f	算法	速率	♯Iter	成本/选代
光滑	PGD	$\beta R^2/t$	$\beta R^2/\epsilon$	1 ∇, 1 投影
光滑	AGD	$\beta R^2/t^2$	$R\sqrt{\beta/\epsilon}$	1 ∇
光滑（任意范数）	FW	$\beta R^2/t$	$\beta R^2/\epsilon$	1 ∇, 1LP
强凸性，Lipschitz	PGD	$L^2/(\alpha t)$	$L^2/(\alpha\epsilon)$	1 ∇, 1 投影
强凸性，光滑	PGD	$R^2\exp\left(-\dfrac{t}{\kappa}\right)$	$\kappa\log\left(\dfrac{R^2}{\epsilon}\right)$	1 ∇, 1 投影
强凸性，光滑	AGD	$R^2\exp\left(-\dfrac{t}{\sqrt{\kappa}}\right)$	$\sqrt{\kappa}\log\left(\dfrac{R^2}{\epsilon}\right)$	1 ∇
$f+g$，f 光滑，g 简单	FISTA	$\beta R^2/t^2$	$R\sqrt{\beta/\epsilon}$	f 的 1 ∇ g 的代理
$\max\limits_{y\in y}$，$\varphi(x,y)$，φ 光滑	SP-MP	$\beta R^2/t$	$\beta R^2/\epsilon$	$\mathcal{X}$ 的 MD $\mathcal{Y}$ 的 MD
线性 $\mathcal{X}$ with F ν 自和谐	IPM	$\nu\exp\left(-\dfrac{t}{\sqrt{\nu}}\right)$	$\sqrt{\nu}\log\left(\dfrac{\nu}{\epsilon}\right)$	牛顿 F 步
非光滑	SGD	$BL/\sqrt{t}$	B^2L^2/ϵ^2	1 随机∇, 1 投影
非光滑，强凸性	SGD	$B^2/(\alpha t)$	$B^2/(\alpha\epsilon)$	1 随机∇, 1 投影
$f=\dfrac{1}{m}\Sigma f_i$　f_i 光滑，强凸性	SVRG	—	$(m+\kappa)\log\left(\dfrac{1}{\epsilon}\right)$	1 随机∇

一个重要的免责声明是，上述选择排除了从对偶论证中导出的方法，以及凸优化中两个最流行的研究途径：(i)在非凸环境中使用凸优化，(ii)实用的大规模算法. 整本书都是围绕这些主题而写，并没有涉及过去五年在(i)和(ii)两方面取得的令人印象深刻的新成果.

关于(i)的一些明显遗漏包括：(a)子模块优化理论（见 Bach[2013]）；(b)组合问题的凸松弛（6.6 节给出了一个简短的例子）；(c)来自非凸问题的凸优化方法，如低阶矩阵因式分解（见 Jain et al.［2013］及其参考文献）、神经网络优化等.

关于(ii)的最明显遗漏包括：(a)启发式(这里简要讨论的唯一启发式是 2.4 节中的非线性共轭梯度)；(b)分布式系统的方法；(c)对未知参数的适应性. 关于(a)，我们参考 Nocedal 和 Wright[2006]，其中详细讨论了最实用的算法(例如，类似 BFGS 和 L-BFGS 的拟牛顿方法，原始-对偶内点法等). 最近 Boyd et al. [2011]的调查讨论了乘法器交替方向法(ADMM)，这是一种解决(b)的流行方法. 而(c)是一个微妙而重要的问题. 在整本书中，我们强调以最简单的方式给出算法和证明，因此为了方便起见，我们假设已知描述目标函数正则性和曲率的相关参数(Lipschitz 常数、光滑常数、强凸性参数)，可用于调整算法自身的参数. 线搜索是替代这些参数知识的一种强大技术，在实践中得到了广泛的应用，见 Nocedal 和 Wright[2006]. 然而，我们观察到，从理论的角度来看(c)只是一个对数因子的问题，因为总是可以并行地运行对参数值有不同猜测[⊖]的算法的多个副本. 总的来说，本书对(ii)的态度可以用 Thomas Cover[1992]的一句话来概括："理论是实践 Taylor 级数的第一项."

符号　我们总是用 x^* 来表示 $\mathcal{X}$ 中的一个点，使得 $f(x^*) = \min\limits_{x \in \mathcal{X}} f(x)$ (注意所考虑的优化问题总是从上下文中清晰可见). 特别是我们总是假设 x^* 存在. 对于向量 $x \in \mathbb{R}^n$，我们用 $x(i)$ 表示它的第 i 个坐标. 范数 $\|\cdot\|$ (稍后定义)的对偶将被表示为 $\|\cdot\|_*$ 或 $\|\cdot\|^*$ (取决于范数是否已经带有下标). 其他符号是标准的(例如，I_n 代表 $n \times n$ 单位矩阵，$\geqslant$ 代表矩阵的正半定阶等).

⊖　注意，这个技巧在第 6 章的上下文中不起作用.

第 2 章 有限维的凸优化

假定 $\mathcal{X} \subset \mathbb{R}^n$ 为凸体(即内部非空的紧凸集),$f : \mathcal{X} \to [-B, B]$ 为连续凸函数. 设 r, $R > 0$ 使得 $\mathcal{X}$ 包含在半径为 R 的欧几里得球中(它分别包含半径 r 的欧几里得球). 在这一章中,我们给出了几种**黑箱**算法来求解

$$\min f(x)$$
$$使得 \; x \in \mathcal{X}$$

正如我们将看到的,这些算法的 oracle 复杂性在维度上是线性的(或二次的),正如本章的标题(在下一章中,oracle 复杂性将独立于维度). 这里讨论的方法的一个有趣的特点是它们只需要约束集 $\mathcal{X}$ 的一个分离 oracle. 在义献中,这种算法通常被称为**割平面方法**. 特别地,只要给定一个 $\mathcal{X}$ 的分离 oracle,这些方法就可以用来找到一个点 $x \in \mathcal{X}$(这也被称为可行性问题).

2.1 重心法

我们考虑以下简单的迭代算法⊖:设 $\mathcal{S}_1 = \mathcal{X}$,对于 $t \geqslant 1$,执行以下操作:

1. 计算

$$c_t = \frac{1}{\mathrm{vol}(\mathcal{S}_t)} \int_{x \in \mathcal{S}_t} x \, \mathrm{d}x \tag{2.1}$$

⊖ 作为热身,我们在本节假设 $\mathcal{X}$ 已知. 从下一节的参数中应该可以清楚地看到,如果使用 $\mathcal{S}_1 \supset \mathcal{X}$ 初始化,实际上同样的算法也可以工作.

2. 在 c_t 处查询一阶 oracle，得到 $w_t \in \partial f(c_t)$. 令

$$\mathcal{S}_{t+1} = \mathcal{S}_t \bigcap \{x \in \mathbb{R}^n : (x - c_t)^{\mathrm{T}} w_t \leqslant 0\}$$

如果在对一阶 oracle 进行 t 次查询之后停止，那么我们使用对零阶 oracle 的 t 次查询来输出

$$x_t \in \arg\min_{1 \leqslant r \leqslant t} f(c_r)$$

这个过程称为重心法，它是由 Levin[1965] 和 Newman[1965] 在大墙内外独立发现的.

定理 2.1　重心法满足

$$f(x_t) - \min_{x \in \mathcal{X}} f(x) \leqslant 2B \left(1 - \frac{1}{\mathrm{e}}\right)^{t/n}$$

在证明这一结果之前，需要了解以下几点内容.

为了得到一个 ε-最优点，重心法需要对一阶和零阶 oracle 进行 $O(n\log(2B/\varepsilon))$ 次查询. 可以证明，这是人们所能期望的最好结果，因为对于 ε 足够小的情况，需要对 oracle 进行 $\Omega(n\log(1/\varepsilon))$ 次调用，以找到 ε-最优点，参见 Nemirovski and Yudin[1983] 的证明.

定理 2.1 给出的收敛速度是指数级的. 在优化文献中，这称为线性速率，因为迭代 $t+1$ 时的（估计）误差与迭代 t 时的误差线性相关.

最后也是最重要的一点是关于该方法的计算复杂性. 结果表明，寻找重心 c_t 本身是一个非常困难的问题，一般来说，我们没有计算效率高的过程来进行这一计算. 在 6.7 节中，我们将讨论一个相对较新的（与 50 年前的重心法相比！）随机算法来近似计算重心. 这给出一个随机重心法，我们稍后会详细描述.

现在我们来看看定理 2.1 的证明. 我们将使用凸几何的以下基本结果：

引理 2.2(Grünbaum[1960])   设 $\mathcal{K}$ 为中心凸集，即 $\int_{x \in \mathcal{K}} x \, \mathrm{d}x = 0$，则对于任何 $w \in \mathbb{R}^n$，$w \neq 0$，有

$$\mathrm{Vol}(\mathcal{K} \bigcap \{x \in \mathbb{R}^n : x^{\mathrm{T}}w \geqslant 0\}) \geqslant \frac{1}{\mathrm{e}}\mathrm{Vol}(\mathcal{K})$$

我们现在证明定理 2.1.

证明   设 x^* 满足 $f(x^*) = \min\limits_{x \in \mathcal{X}} f(x)$. 因为 $w_t \in \partial f(c_t)$，所以

$$f(c_t) - f(x) \leqslant w_t^{\mathrm{T}}(c_t - x)$$

因此，

$$\mathcal{S}_t \setminus \mathcal{S}_{t+1} \subset \{x \in \mathcal{X} : (x - c_t)^{\mathrm{T}}w_t > 0\} \subset \{x \in \mathcal{X} : f(x) > f(c_t)\} \quad (2.2)$$

这显然意味着永远不能从我们考虑的集合中移除最优点，即对于任何 t，$x^* \in \mathcal{S}_t$. 在不丧失一般性的情况下，我们可以假设总是有 $w_t \neq 0$，否则将有 $f(c_t) = f(x^*)$，这立即可得出**证明**. 根据对于任何 t 都满足 $w_t \neq 0$ 和引理 2.2，显然可以得到：

$$\mathrm{vol}(\mathcal{S}_{t+1}) \leqslant \left(1 - \frac{1}{\mathrm{e}}\right)^t \mathrm{vol}(\mathcal{X})$$

对于 $\varepsilon \in [0, 1]$，设 $\mathcal{X}_\varepsilon = \{(1-\varepsilon)x^* + \varepsilon x, \ x \in \mathcal{X}\}$. 注意 $\mathrm{vol}(\mathcal{X}_\varepsilon) = \varepsilon^n \mathrm{vol}(\mathcal{X})$. 体积计算表明，对于 $\varepsilon > \left(1 - \dfrac{1}{\mathrm{e}}\right)^{t/n}$，有 $\mathrm{vol}(\mathcal{X}_\varepsilon) > \mathrm{vol}(\mathcal{S}_{t+1})$. 特别地，这意味着对于 $\varepsilon > \left(1 - \dfrac{1}{\mathrm{e}}\right)^{t/n}$，必须存在一个时间 $r \in (1, \cdots, t)$，$x_\varepsilon \in \mathcal{X}_\varepsilon$，使得 $\mathcal{X}_\varepsilon \in \mathcal{S}_r$ 和 $x_\varepsilon \notin \mathcal{S}_{r+1}$. 特别是根据 (2.2)，有 $f(c_r) < f(x_\varepsilon)$. 另一方面，根据 f 的凸性，显然有 $f(x_\varepsilon) \leqslant f(x^*) + 2\varepsilon B$. 证明结束.   □

2.2   椭球法

回想椭球是形如

$$\mathcal{E}=\{x\in\mathbb{R}^n:(x-c)^\mathrm{T}H^{-1}(x-c)\leqslant 1\}$$

的凸集，其中 $c\in\mathbb{R}^n$，H 是对称正定矩阵．几何上 c 是椭球的中心，$\mathcal{E}$ 的半轴由 H 的特征向量给出，它的长度由相应特征值的平方根给出．

我们现在给出一个简单的几何引理，它是椭球法的核心．

引理 2.3 设 $\mathcal{E}_0=\{x\in\mathbb{R}^n:(x-c_0)^\mathrm{T}H_0^{-1}(x-c_0)\leqslant 1\}$．对于任何 $w\in\mathbb{R}^n$，$w\neq 0$，存在一个椭球 $\mathcal{E}$，使得

$$\mathcal{E}\supset\{x\in\mathcal{E}_0:w^\mathrm{T}(x-c_0)\leqslant 0\} \tag{2.3}$$

和

$$\mathrm{vol}(\mathcal{E})\leqslant\exp\left(-\frac{1}{2n}\right)\mathrm{vol}(\mathcal{E}_0) \tag{2.4}$$

此外，对于 $n\geqslant 2$，可以取 $\mathcal{E}=\{x\in\mathbb{R}^n:(x-c)^\mathrm{T}H^{-1}(x-c)\leqslant 1\}$，其中

$$c=c_0-\frac{1}{n+1}\frac{H_0 w}{\sqrt{w^\mathrm{T}H_0 w}} \tag{2.5}$$

$$H=\frac{n^2}{n^2-1}\left(H_0-\frac{2}{n+1}\frac{H_0 w w^\mathrm{T}H_0}{w^\mathrm{T}H_0 w}\right) \tag{2.6}$$

证明 对于 $n=1$，结果很明显，实际上，我们甚至有 $\mathrm{vol}(\mathcal{E})\leqslant\frac{1}{2}\mathrm{vol}(\mathcal{E}_0)$．

对于 $n\geqslant 2$，可以简单地验证由(2.5)和(2.6)给出的椭球满足所需的性质(2.3)和(2.4)．我们将展示如何推导(2.5)和(2.6)，而不是直截了当地进行这些计算．这也将表明由(2.5)和(2.6)定义的椭球是满足(2.3)的最小体积的唯一椭球．让我们首先关注 $\mathcal{E}_0$ 是欧几里得球 $\mathcal{B}=\{x\in\mathbb{R}^n:x^\mathrm{T}x\leqslant 1\}$ 的情况．我们暂时假设 w 是一个单位范数向量．

我们可以看到寻找一个以 $c=-tw$ 为中心的椭球 $\mathcal{E}$ 是有意义的，$t\in[0,1]$（假设 t 很小），这样一个主方向是 w（平方反比半轴 $a>0$），而其他主方向都与 w 正交（相同平方反比半轴 $b>0$）．换句话说，我们正在寻

找 $\mathcal{E}=\{x:(x-c)^{\mathrm{T}}H^{-1}(x-c)\leqslant 1\}$，其中

$$c=-tw,\qquad H^{-1}=aww^{\mathrm{T}}+b(I_n-ww^{\mathrm{T}})$$

现在我们必须对 $\mathcal{E}$ 应该包含半欧几里得球 $\{x\in\mathcal{B}:x^{\mathrm{T}}w\leqslant 0\}$ 这一事实表达我们的约束条件. 因为我们也在寻找尽可能小的 $\mathcal{E}$，所以要求 $\mathcal{E}$ "接触"欧几里得球是有意义的，无论是在 $x=-w$ 还是在赤道 $\partial\mathcal{B}\cap w^{\mathrm{T}}$ 处. 前一个条件可以写成：

$$(-w-c)^{\mathrm{T}}H^{-1}(-w-c)=1\Leftrightarrow (t-1)^2a=1$$

后一个条件可以表示为：

$$\forall y\in\partial\mathcal{B}\cap w^{\perp},\ (y-c)^{\mathrm{T}}H^{-1}(y-c)=1\Leftrightarrow b+t^2a=1$$

从以上两个方程可以看出，我们仍然可以自由选择 $t\in[0,1/2)$ 的任何值（我们需要 $t<1/2$ 的事实来自 $b=1-\left(\dfrac{t}{t-1}\right)^2>0$）. 很自然地，我们取使结果椭球体积最小的值. 注意

$$\frac{\mathrm{vol}(\mathcal{E})}{\mathrm{vol}(\mathcal{B})}=\frac{1}{\sqrt{a}}\left(\frac{1}{\sqrt{b}}\right)^{n-1}=\frac{1}{\sqrt{\dfrac{1}{(1-t)^2}\left(1-\left(\dfrac{t}{1-t}\right)^2\right)^{n-1}}}=\frac{1}{\sqrt{f\left(\dfrac{1}{1-t}\right)}}$$

式中 $f(h)=h^2(2h-h^2)^{n-1}$. 初步计算表明，$f([1,2])$ 的最大值是在 $h=1+\dfrac{1}{n}$（对应于 $t=\dfrac{1}{n+1}$）时得到的，这个值为

$$\left(1+\frac{1}{n}\right)^2\left(1-\frac{1}{n^2}\right)^{n-1}\geqslant\exp\left(\frac{1}{n}\right)$$

下界再次从初等计算得出. 因此，我们证明，对于 $\mathcal{E}_0=\mathcal{B}$，(2.3) 和 (2.4) 满足由满足以下条件的点 x 的集合给出的椭球：

$$\left(x+\frac{w/\|w\|_2}{n+1}\right)^{\mathrm{T}}\left(\frac{n^2-1}{n^2}I_n+\frac{2(n+1)}{n^2}\frac{ww^{\mathrm{T}}}{\|w\|_2^2}\right)\left(x+\frac{w/\|w\|_2}{n+1}\right)\leqslant 1\quad (2.7)$$

我们现在考虑任意的椭球 $\mathcal{E}_0 = \{x \in \mathbb{R}^n : (x-c_0)^{\mathrm{T}} H_0^{-1}(x-c_0) \leqslant 1\}$. 设 $\Phi(x) = c_0 + H_0^{1/2} x$, 然后显然 $\mathcal{E}_0 = \Phi(\mathcal{B})$ 和 $\{x : w^{\mathrm{T}}(x-c_0) \leqslant 0\} = \Phi(\{x : (H_0^{1/2} w)^{\mathrm{T}} x \leqslant 0\})$. 因此, 在这种情况下, w 替换为 $H_0^{1/2} w$, 由 (2.7) 中给出椭球的 Φ 表示的图像将满足 (2.3) 和 (2.4). 很容易看出这对应于一个椭球, 它是这样定义的:

$$c = c_0 - \frac{1}{n+1} \frac{H_0 w}{\sqrt{w^{\mathrm{T}} H_0 w}}$$

$$H^{-1} = \left(1 - \frac{1}{n^2}\right) H_0^{-1} + \frac{2(n+1)}{n^2} \frac{w w^{\mathrm{T}}}{w^{\mathrm{T}} H_0 w} \tag{2.8}$$

将 Sherman-Morrison 公式应用于 (2.8) 可以得到 (2.6) 的结论.   □

我们现在描述椭球法, 它只假设约束集 $\mathcal{X}$ 有一个分离的 oracle (特别是它可以用来解决本章开头提到的可行性问题). 设 $\mathcal{E}_0$ 是包含 $\mathcal{X}$ 的半径为 R 的欧几里得球, 设 c_0 为其中心. 也表示 $H_0 = R^2 I_n$. 对于 $t \geqslant 0$ 执行以下操作:

1. 如果 $c_t \notin \mathcal{X}$, 则调用分离 oracle 以获得分离超平面 $w_t \in \mathbb{R}^n$, 使得 $\mathcal{X} \subset \{x : (x-c_t)^{\mathrm{T}} w_t \leqslant 0\}$, 否则在 c_t 调用一阶 oracle, 以获得 $w_t \in \partial f(c_t)$.

2. 设 $\mathcal{E}_{t+1} = \{x : (x-c_{t+1})^{\mathrm{T}} H_{t+1}^{-1}(x-c_{t+1}) \leqslant 1\}$ 是引理 2.3 中给出的包含 $\{x \in \mathcal{E}_t : (x-c_t)^{\mathrm{T}} w_t \leqslant 0\}$ 的椭球, 即

$$c_{t+1} = c_t - \frac{1}{n+1} \frac{H_t w}{\sqrt{w^{\mathrm{T}} H_t w}}$$

$$H_{t+1} = \frac{n^2}{n^2-1} \left(H_t - \frac{2}{n+1} \frac{H_t w w^{\mathrm{T}} H_t}{w^{\mathrm{T}} H_t w}\right)$$

如果在 t 次迭代之后停止, 并且 $\{c_1, \cdots, c_t\} \bigcap \mathcal{X} \neq \varnothing$, 然后使用 0 阶 oracle 输出

$$x_t \in \underset{c \in \{c_1, \cdots, c_t\} \cap \mathcal{X}}{\arg \min} f(c_r)$$

用与定理 2.1 完全相同的参数可以证明以下收敛速度(注意在步骤 t 中, 只有当 $c_t \in \mathcal{X}$ 时, 才能从当前椭球中移除 $\mathcal{X}$ 中的一个点).

定理 2.4   对于 $t \geqslant 2n^2 \log(R/r)$, 椭球法满足 $\{c_1, \cdots, c_t\} \bigcap \mathcal{X} \neq \varnothing$ 和

$$f(x_t) - \min_{x \in \mathcal{X}} f(x) \leqslant \frac{2BR}{r} \exp\left(-\frac{t}{2n^2}\right)$$

我们观察到椭球法的 oracle 复杂性比重心法的 oracle 复杂性要差得多, 前者需要对 oracle 进行 $O(n^2 \log(1/\varepsilon))$ 次调用, 后者只需要 $O(n \log (1/\varepsilon))$ 次调用. 然而, 从计算的角度来看, 情况要好得多: 在许多情况下, 可以得到一个有效的分离 oracle, 而重心法基本上总是难以处理的. 例如, 在 LP 和 SDP 的上下文中就是这样: 用 1.5 节的符号, LP 的分离 oracle 的计算复杂性是 $O(mn)$, 而 SDP 的计算复杂性是 $O(\max(m, n) n^2)$(我们使用这样一个事实: 矩阵的谱分解可以在 $O(n^3)$ 操作中完成). 这给出了 LP 的 $O(\max(m, n) n^3 \log(1/\varepsilon))$ 和 SDP 的 $O(\max(m, n) \cdot n^6 \log(1/\varepsilon))$ 的总体复杂性. 然而, 我们注意到椭球法几乎从未在实践中使用, 这主要是因为该方法过于严格, 无法利用实际问题的潜在易用性(例如, 由(2.4)给出的体积减少从本质上来说总是紧的).

2.3 Vaidya 割平面法

我们在这里关注的是可行性问题(应该从前面的章节中清楚地知道如何调整优化的参数). 我们已经看到, 对于可行性问题, 重心具有 $O(n)$ oracle 复杂性和不明确的计算复杂性(有关更多信息, 请参见 6.7 节), 而椭球法具有 oracle 复杂性 $O(n^2)$ 和计算复杂性 $O(n^4)$. 本节描述由 Vaidya [1989,1996]提出的具有 oracle 复杂性 $O(n \log(n))$ 和计算复杂性 $O(n^4)$ 的漂亮算法, 从而使重心法和椭球法都得到最好的结果. 事实上, 计算复杂

性甚至可以进一步提高，而最近 Lee et al.［2015］的突破性研究表明，它基本上（高达对数因子）可以降到 $O(n^3)$.

这一节虽然给出了一个基本的算法，但在第一次阅读时应该跳过. 特别地，我们使用了 5.3 节介绍的内点法理论中的一些概念.

2.3.1　体积障碍

设 $A \in \mathbb{R}^{m \times n}$，其中第 i 行是 $a_i \in \mathbb{R}^n$，设 $b \in \mathbb{R}^m$. 我们考虑多面体 $\{x \in \mathbb{R}^n: Ax > b\}$ 的对数障碍 F，它的定义如下：

$$F(x) = - \sum_{i=1}^m \log(a_i^{\mathrm{T}} x - b_i)$$

我们还考虑了体积障碍 v，它的定义如下：

$$v(x) = \frac{1}{2} \log \det(\nabla^2 F(x))$$

直观上很显然：$v(x)$ 等于在 x 处 Dikin 椭球体积的倒数的对数（对于对数障碍）. 指出对数障碍的 Hessian 是有用的：

$$\nabla^2 F(x) = \sum_{i=1}^m \frac{a_i a_i^{\mathrm{T}}}{(a_i^{\mathrm{T}} x - b_i)^2}$$

引入杠杆分数

$$\sigma_i(x) = \frac{(\nabla^2 F(x))^{-1} [a_i, a_i]}{(a_i^{\mathrm{T}} x - b_i)^2}$$

很容易证明

$$\nabla v(x) = - \sum_{i=1}^m \sigma_i(x) \frac{a_i}{a_i^{\mathrm{T}} x - b_i} \tag{2.9}$$

和

$$\nabla^2 v(x) \geqslant \sum_{i=1}^{m} \sigma_i(x) \frac{a_i a_i^{\mathrm{T}}}{(a_i^{\mathrm{T}} x - b_i)^2} \triangleq Q(x) \qquad (2.10)$$

2.3.2 Vaidya 算法

我们固定一个稍后指定的小常数 $\varepsilon < 0.006$. Vaidya 的算法产生一个成对序列 $(A^{(t)}, b^{(t)}) \in \mathbb{R}^{m_t \times n} \times \mathbb{R}^{m_t}$，使得对应的多面体包含感兴趣的凸集. 由 $(A^{(0)}, b^{(0)})$ 定义的初始多面体是单纯形（特别是 $m_0 = n+1$）. 对于 $t \geqslant 0$，我们设 x_t 为 $(A^{(t)}, b^{(t)})$ 给出的多面体体积障碍 v_t 的最小值，$(\sigma_i^{(t)})_{i \in [m_t]}$ 为 x_t 点处的杠杆分数（与 v_t 相关）. 对于由 $(A^{(t)}, b^{(t)})$ 给出的对数障碍，记为 F_t. 下一个多面体 $(A^{(t+1)}, b^{(t+1)})$ 通过向当前多面体添加或移除约束来定义：

1. 如果对于某些 $i \in [m_t]$，有 $\sigma_i^{(t)} = \min\limits_{j \in [m_t]} \sigma_j^{(t)} < \varepsilon$，那么 $(A^{(t+1)}, b^{(t+1)})$ 是通过去掉 $(A^{(t)}, b^{(t)})$（特别是 $m_{t+1} = m_t - 1$）中的第 i 行来定义的.

2. 否则，设 $c^{(t)}$ 为在 x_t 处查询的分离 oracle 给出的向量，并选择 $\beta^{(t)} \in \mathbb{R}$，以便

$$\frac{(\nabla^2 F_t(x_t))^{-1}[c^{(t)}, c^{(t)}]}{(x_t^{\mathrm{T}} c^{(t)} - \beta^{(t)})^2} = \frac{1}{5} \sqrt{\varepsilon}$$

然后我们定义 $(A^{(t+1)}, b^{(t+1)})$，把 $(c^{(t)}, \beta^{(t)})$（特别是 $m_{t+1} = m_t + 1$）给出的行加上 $(A^{(t)}, b^{(t)})$.

结果表明，体积障碍是一个自和谐障碍，用牛顿法可以有效地将其最小化. 事实上，对在 x_{t-1} 处初始化的 v_t，利用牛顿法的一步牛顿法性质就足够了，关于这方面的更多细节，请参见 Vaidya[1989, 1996].

2.3.3 Vaidya 方法分析

Vaidya 方法的构造是基于精确理解当向多面体添加或移除约束时，

体积障碍是如何变化的. 这一理解源自 2.3.4 节. 特别地，我们得到了以下两个关键不等式：如果情况 1 在迭代次数为 t 时发生，那么

$$v_{t+1}(x_{t+1}) - v_t(x_t) \geqslant -\varepsilon \tag{2.11}$$

如果是情况 2 发生，那么

$$v_{t+1}(x_{t+1}) - v_t(x_t) \geqslant \frac{1}{20}\sqrt{\varepsilon} \tag{2.12}$$

现在展示这些不等式如何使得 Vaidya 方法在 $O(n\log(nR/r))$ 步之后停止. 首先，我们声明在 $2t$ 次迭代之后，情况 2 必须至少发生了 $t-1$ 次. 实际上，假设在第 $2t-1$ 次迭代时，情况 2 发生了 $t-2$ 次，那么$\nabla^2 F(x)$ 是奇异的，杠杆分数是无穷大的，因此情况 2 必须在第 $2t$ 次迭代时发生. 结合这一声明和上面的两个不等式，我们得到：

$$v_{2t}(x_{2t}) \geqslant v_0(x_0) + \frac{t-1}{20}\sqrt{\varepsilon} - (t+1)\varepsilon \geqslant \frac{t}{50}\varepsilon - 1 + v_0(x_0)$$

现在的关键点是要记住，根据定义，有 $v(x) = -\log \mathrm{vol}(\mathcal{E}(x,1))$，其中 $\mathcal{E}(x,r) = \{y : \nabla F^2(x)[y-x, y-x] \leqslant r^2\}$ 是以 x 为圆心和 r 为半径的 Dikin 椭球. 此外，具有 m 个约束的多面体的对数障碍 F 是 m-自和谐的，这意味着多面体包含在 Dikin 椭球 $\mathcal{E}(z, 2m)$ 中，其中 z 是 F 的最小值（见[定理 4.2.6，Nesterov[2004a]]）. $\mathcal{E}(z, 2m)$ 的体积等于 $(2m)^n\exp(-v(z))$，因此它始终是多面体体积的上限. 结合上面我们刚刚证明了在第 $2k$ 次迭代时，当前多面体的体积是最大的

$$\exp\left(n\log(2m_{2t}) + 1 - v_0(x_0) - \frac{t}{50}\varepsilon\right)$$

因为 $\mathcal{E}(x,1)$ 总是包含在多面体中，所以我们得到 $-v_0(x_0)$ 最大是初始多面体体积的对数，即 $O(n\log(R))$. 这清楚地总结了证明，当体积低于 $\exp(n\log(r))$ 时，过程必然会停止（我们还使用了平凡边界 $m_t \leqslant n+1+t$）.

2.3.4 限制条件和体积障碍

我们想了解多面体约束的添加/删除对体积障碍的影响. 设 $c\in\mathbb{R}^n$, $\beta\in\mathbb{R}$, 并考虑对应于矩阵 $\widetilde{A}\in\mathbb{R}^{(m+1)\times n}$ 和向量 $\widetilde{b}\in\mathbb{R}^{(m+1)}$ 的对数障碍 $\widetilde{F}$ 和体积障碍 $\widetilde{v}$, 它们分别是 A 和 c 的级联及 b 和 β 的级联. 设 x^* 和 $\widetilde{x}^*$ 分别为 v 和 $\widetilde{v}$ 的最小值. 我们记得杠杆分数的定义, 因为 $i\in[m+1]$, 其中 $a_{m+1}=c$, $b_{m+1}=\beta$,

$$\sigma_i(x)=\frac{(\nabla^2 F(x))^{-1}[a_i,\ a_i]}{(a_i^{\mathrm{T}}x-b_i)^2},\quad \widetilde{\sigma}_i(x)=\frac{(\nabla^2\widetilde{F}(x))^{-1}[a_i,\ a_i]}{(a_i^{\mathrm{T}}x-b_i)^2}$$

杠杆得分 σ_i 和 $\widetilde{\sigma}_i$ 密切相关:

引理 2.5 对任何 $i\in[m+1]$, 都有

$$\frac{\widetilde{\sigma}_{m+1}(x)}{1-\widetilde{\sigma}_{m+1}(x)}\geqslant\sigma_i(x)\geqslant\widetilde{\sigma}_i(x)\geqslant(1-\sigma_{m+1}(x))\sigma_i(x)$$

证明 首先, 我们通过 Shermon-Morrison 公式 $(A+uv^{\mathrm{T}})^{-1}=A^{-1}-\dfrac{A^{-1}uv^{\mathrm{T}}A^{-1}}{1+A^{-1}[u,\ v]}$ 观察到

$$(\nabla^2\widetilde{F}(x))^{-1}=(\nabla^2 F(x))^{-1}-\frac{(\nabla^2 F(x))^{-1}cc^{\mathrm{T}}(\nabla^2 F(x))^{-1}}{(c^{\mathrm{T}}x-\beta)^2+(\nabla^2 F(x))^{-1}[c,\ c]}$$

$$(2.13)$$

这证明了 $\widetilde{\sigma}_i(x)\leqslant\sigma_i(x)$. 这也意味着不等式 $\widetilde{\sigma}_i(x)\geqslant(1-\sigma_{m+1}(x))\sigma_i(x)$ 源于以下的事实: $A-\dfrac{Auu^{\mathrm{T}}A}{1+A[u,\ u]}\geqslant(1-A[u,\ u])A$. 对于最后一个不等式, 我们使用 $A+\dfrac{Auu^{\mathrm{T}}A}{1+A[u,\ u]}\leqslant\dfrac{1}{1-A[u,\ u]}A$

$$(\nabla^2 F(x))^{-1}=(\nabla^2\widetilde{F}(x))^{-1}+\frac{(\nabla^2-\widetilde{F}(x))^{-1}cc^{\mathrm{T}}(\nabla^2\widetilde{F}(x))^{-1}}{(c^{\mathrm{T}}x-\beta)^2-(\nabla^2\widetilde{F}(x))^{-1}[c,\ c]}\quad\square$$

我们现在假设下面的关键结果，这是 Vaidya 首先证明的. 把这句话放在上下文中回想一下，对于自和谐障碍 f，次优间隙 $f(x) - \min f$ 与牛顿减量 $\|\nabla f(x)\|_{(\nabla^2 f(x))^{-1}}$ 密切相关. Vaidya 不等式给出了体积障碍的一个类似的结论. 我们使用的是[定理 2.6，Anstreicher[1998]]中给出的版本，它的数值常数略好于原始边界. 回到(2.10)中 Q 的定义.

定理 2.6   设 $\lambda(x) = \|\nabla v(x)\|_{Q(x)^{-1}}$ 为近似牛顿减量，$\varepsilon = \min\limits_{i \in [m]} \sigma_i(x)$，假设 $\lambda(x)^2 \leqslant \dfrac{2\sqrt{\varepsilon} - \varepsilon}{36}$，则

$$v(x) - v(x^*) \leqslant 2\lambda(x)^2$$

我们还表示 $\tilde{\lambda}$ 为 $\tilde{v}$ 的近似牛顿减量. 本节余下部分的目标是证明以下定理，该定理给出了我们所寻找的体积障碍的精确理解.

定理 2.7   令 $\varepsilon \triangleq \min\limits_{i \in [m]} \sigma_i(x^*)$，$\delta \triangleq \dfrac{\sigma_{m+1}(x^*)}{\sqrt{\varepsilon}}$，假设 $\dfrac{(\delta\sqrt{\varepsilon} + \sqrt{\delta^3\sqrt{\varepsilon}})^2}{1 - \delta\sqrt{\varepsilon}} <$

$\dfrac{2\sqrt{\varepsilon} - \varepsilon}{36}$，则

$$\tilde{v}(\tilde{x}^*) - v(x^*) \geqslant \frac{1}{2}\log(1 + \delta\sqrt{\varepsilon}) - 2\,\frac{(\delta\sqrt{\varepsilon} + \sqrt{\delta^3\sqrt{\varepsilon}})^2}{1 - \delta\sqrt{\varepsilon}} \tag{2.14}$$

另一方面，假设 $\tilde{\sigma}_{m+1}(\tilde{x}^*) = \min\limits_{i \in [m+1]} \tilde{\sigma}_i(\tilde{x}^*) \triangleq \varepsilon$ 且 $\varepsilon \leqslant 1/4$，则

$$\tilde{v}(\tilde{x}^*) - v(x^*) \leqslant -\frac{1}{2}\log(1 - \varepsilon) + \frac{8\varepsilon^2}{(1 - \varepsilon)^2} \tag{2.15}$$

在证明之前，让我们简单地看看定理 2.7 是如何给出在 2.3.3 节开头所描述的两个不等式的. 为了证明(2.12)，我们使用(2.14)，$\delta = 1/5$，$\varepsilon \leqslant 0.006$，并且我们观察到在这种情况下(2.14)的不等号右边是以 $\dfrac{1}{20}\sqrt{\varepsilon}$ 为

下界的. 另一方面，为了证明(2.11)，我们使用(2.15)，并且我们观察到对于 $\varepsilon \leqslant 0.006$，(2.15)不等号的右边是以 ε 为上界的.

证明 我们从(2.14)的证明开始. 首先观察，通过对 $\nabla^2 \widetilde{F}(x)$ 左右两边的 $(\nabla^2 F(x))^{1/2}$ 进行因子分解，可以得到

$$
\begin{aligned}
\det(\nabla^2 \widetilde{F}(x)) &= \det\left(\nabla^2 F(x) + \frac{cc^{\mathrm{T}}}{(c^{\mathrm{T}}x - \beta)^2}\right) \\
&= \det(\nabla^2 F(x)) \det\left(I_n + \frac{\nabla^2 F(x)^{-1/2} cc^{\mathrm{T}} (\nabla^2 F(x))^{-1/2}}{(c^{\mathrm{T}}x - \beta)^2}\right) \\
&= \det(\nabla^2 F(x))(1 + \sigma_{m+1}(x))
\end{aligned}
$$

因此

$$
\widetilde{v}(x) = v(x) + \frac{1}{2}\log(1 + \sigma_{m+1}(x))
$$

尤其有

$$
\widetilde{v}(\widetilde{x}^*) - v(x^*) = \frac{1}{2}\log(1 + \sigma_{m+1}(x^*)) - (\widetilde{v}(\widetilde{x}^*) - \widetilde{v}(\widetilde{x}^*))
$$

为了限制 $\widetilde{v}$ 中 x^* 的次优间隙，我们将引用定理 2.6，因此我们必须使上界近似牛顿减量 $\widetilde{\lambda}$. 使用下面的引理 2.8 有

$$
\widetilde{\lambda}(x^*)^2 \leqslant \frac{\left(\sigma_{m+1}(x^*) + \sqrt{\dfrac{\sigma_{m+1}^3(x^*)}{\min\limits_{i \in [m]} \sigma_i(x^*)}}\right)^2}{1 - \sigma_{m+1}(x^*)} = \frac{(\delta\sqrt{\varepsilon} + \sqrt{\delta^3 \sqrt{\varepsilon}})^2}{1 - \delta\sqrt{\varepsilon}}
$$

这就是(2.14)的证明.

现在回到(2.15)的证明. 按照上述步骤，我们立即得到

$$
\begin{aligned}
\widetilde{v}(\widetilde{x}^*) - v(x^*) &= \widetilde{v}(\widetilde{x}^*) - v(x^*) + \widetilde{v}(\widetilde{x}^*) - v(x^*) \\
&= -\frac{1}{2}\log(1 - \widetilde{\sigma}_{m+1}(\widetilde{x}^*)) + v(\widetilde{x}^*) - v(x^*)
\end{aligned}
$$

为了引用定理 2.6，它保持上界 $\lambda(\tilde{x}^*)$. 使用下面的 [(2.17)，引理 2.8]，有

$$\lambda(\tilde{x}^*) \leqslant \frac{2\tilde{\sigma}_{m+1}(\tilde{x}^*)}{1-\tilde{\sigma}_{m+1}(\tilde{x}^*)}$$

我们可以应用定理 2.6，因为假设 $\varepsilon \leqslant 1/4$ 意味着 $\left(\dfrac{2\varepsilon}{1-\varepsilon}\right)^2 < \dfrac{2\sqrt{\varepsilon}-\varepsilon}{36}$. 这就得出了 (2.15) 的证明. □

引理 2.8 我们有

$$\sqrt{1-\sigma_{m+1}(x)}\,\tilde{\lambda}(x) \leqslant \|\nabla v(x)\|_{Q(x)^{-1}} + \sigma_{m+1}(x) + \sqrt{\frac{\sigma_{m+1}^3(x)}{\min\limits_{i\in[m]}\sigma_i(x)}}$$

(2.16)

此外，如果 $\tilde{\sigma}_{m+1}(x) = \min\limits_{i\in[m+1]} \tilde{\sigma}_i(x)$，则

$$\lambda(x) \leqslant \|\nabla\tilde{v}(x)\|_{Q(x)^{-1}} + \frac{2\tilde{\sigma}_{m+1}(x)}{1-\tilde{\sigma}_{m+1}(x)}$$

(2.17)

证明 我们从 (2.16) 的证明开始. 首先观察到，根据引理 2.5，有 $\tilde{Q}(x) \geqslant (1-\sigma_{m+1}(x))Q(x)$，因此根据牛顿减量的定义，有

$$\tilde{\lambda}(x) = \|\nabla\tilde{v}(x)\|_{\tilde{Q}(x)^{-1}} \leqslant \frac{\|\nabla\tilde{v}(x)\|_{Q(x)^{-1}}}{\sqrt{1-\sigma_{m+1}(x)}}$$

接下来观察到（回忆 (2.9)）

$$\nabla\tilde{v}(x) = \nabla v(x) + \sum_{i=1}^m (\sigma_i(x) - \tilde{\sigma}_i(x))\frac{a_i}{a_i^{\mathrm{T}}x - b_i} - \tilde{\sigma}_{m+1}(x)\frac{c}{c^{\mathrm{T}}x - \beta}$$

现在使用 $Q(x) \geqslant (\min\limits_{i\in[m]}\sigma_i(x))\nabla^2 F(x)$ 来获得

$$\left\|\tilde{\sigma}_{m+1}(x)\frac{c}{c^{\mathrm{T}}x - \beta}\right\|_{Q(x)^{-1}}^2 \leqslant \frac{\tilde{\sigma}_{m+1}^2(x)\sigma_{m+1}(x)}{\min\limits_{i\in[m]}\sigma_i(x)}$$

由引理 2.5 知 $\tilde{\sigma}_{m+1}(x) \leqslant \tilde{\sigma}_{m+1}(x)$. 因此我们只需证明

$$\left\| \sum_{i=1}^{m} (\sigma_i(x) - \tilde{\sigma}_i(x)) \frac{a_i}{a_i^{\mathrm{T}} x - b_i} \right\|_{Q(x)^{-1}}^2 \leqslant \sigma_{m+1}^2(x)$$

上述不等式来源于 Vaidya 的一个漂亮的计算（见[Lemma 12，Vaidya [1996]]），从恒等式

$$\sigma_i(x) - \tilde{\sigma}_i(x) = \frac{((\nabla^2 F(x))^{-1}[a_i,\ c])^2}{((c^{\mathrm{T}} x - \beta)^2 + (\nabla^2 F(x))^{-1}[c,\ c])(a_i^{\mathrm{T}} x - b_i)^2}$$

开始，它由(2.13)得到.

我们现在来看看(2.17)的证明. 按照上述步骤，我们立即获得

$$\lambda(x) = \|\nabla v(x)\|_{Q(x)^{-1}} \leqslant \|\nabla \tilde{v}(x)\|_{Q(x)^{-1}} + \sigma_{m+1}(x) + \sqrt{\frac{\tilde{\sigma}_{m+1}^2(x) \sigma_{m+1}(x)}{\min_{i \in [m]} \tilde{\sigma}_i(x)}}$$

利用引理 2.5 和假设 $\tilde{\sigma}_{m+1}(x) = (\min_{i \in [m+1]} \tilde{\sigma}_i(x))$，得到(2.17)，从而得出证明.   □

2.4   共轭梯度

我们用凸二次函数 $f(x) = \frac{1}{2} x^{\mathrm{T}} A x - b^{\mathrm{T}} x$ 的无约束优化的特例来结束这一章，其中 $A \in \mathbb{R}^{n \times n}$ 是正定矩阵，$b \in \mathbb{R}^n$. 这一问题在实际中极为重要（相当于求解线性系统 $Ax = b$），它允许一个简单的一阶黑箱过程，在最多 n 个步骤中获得精确的最优 x^*. 这种方法称为共轭梯度，关于它的描述和分析如下. 以下内容摘自[第 5 章，Nocedal and Wright[2006]].

设 $\langle \cdot, \cdot \rangle_A$ 是由正定矩阵 A 定义的 $\mathbb{R}^n$ 上的内积，即 $\langle x, y \rangle_A = x^{\mathrm{T}} A y$（我们也用相应的范数 $\| \cdot \|_A$ 表示）. 为了清楚起见，我们在这里使用 $\langle \cdot, \cdot \rangle$ 表示 $\mathbb{R}^n$ 中的标准内积. 给定一个正交集 $\{p_0, \cdots, p_{n-1}\}$，对

于 $\langle\cdot,\cdot\rangle_A$ 我们将通过沿着这个正交集给定的方向顺序最小化来最小化 f. 也就是说, 给定 $x_0\in\mathbb{R}^n$, 对于 $t\geqslant 0$, 使得

$$x_{t+1}\triangleq\operatorname*{arg\,min}_{x\in\{x_t+\lambda p_t,\lambda\in\mathbb{R}\}}f(x) \tag{2.18}$$

相当于可以写

$$x_{t+1}=x_t-\langle\nabla f(x_t),\ p_t\rangle\frac{p_t}{\|p_t\|_A^2} \tag{2.19}$$

由 $\nabla f(x)=Ax-b$, 等式右边通过微分 $\lambda\mapsto f(x+\lambda p_t)$ 得到, 我们还发现一个以后会用到的事实: x_{t+1} 是 f 在 $x_0+\operatorname{span}\{p_0,\cdots,p_t\}$ 的最小化, 或等价地,

$$\langle\nabla f(x_{t+1}),\ p_i\rangle=0,\ \forall_0\leqslant i\leqslant t \tag{2.20}$$

等式(2.20)可通过对下式在 $t=1$ 时使用归纳法得到:

$$\nabla f(x_{t+1})=\nabla f(x_t)-\langle\nabla f(x_t),\ p_t\rangle\frac{Ap_t}{\|p_t\|_A^2} \tag{2.21}$$

现在声明 $x_n=x^*=\operatorname*{arg\,min}_{x\in\mathbb{R}^n}f(x)$. 这足以证明, 对于任何 $t\in\{0,\cdots,n-1\}$, $\langle x_n-x_0,\ p_t\rangle_A=\langle x^*-x_0,\ p_t\rangle_A$. 注意, $x_n-x_0=-\sum_{t=0}^{n-1}\langle\nabla f(x_t),\ p_t\rangle\frac{p_t}{\|p_t\|_A^2}$, 因此使用 $x^*=A^{-1}b$,

$$\langle x_n-x_0,\ p_t\rangle_A=-\langle\nabla f(x_t),\ p_t\rangle=\langle b-Ax_t,\ p_t\rangle=\langle x^*-x_t,\ p_t\rangle_A$$
$$=\langle x^*-x_0,\ p_t\rangle_A$$

从而得出 $x_n=x^*$ 的证明.

为了有一个合适的黑箱方法, 仍然需要描述如何仅基于 f 的梯度求值迭代地建立正交集 $\{p_0,\cdots,p_{n-1}\}$. 获得一组正交方向(关于 $\langle\cdot,\cdot\rangle_A$)的自然猜测是取 $p_0=\nabla f(x_0)$, 对于 $t\geqslant 1$,

$$p_t = \nabla f(x_t) - \langle \nabla f(x_t), \ p_{t-1} \rangle_A \ \frac{p_{t-1}}{\| p_{t-1} \|_A^2} \tag{2.22}$$

首先通过 $t \in [n-1]$ 上的归纳来验证，对于任何 $i \in \{0, \cdots, t-2\}$，$\langle p_t, p_i \rangle_A = 0$(注意，对于 $i = t-1$，这是通过构造 p_t 实现的). 现在要证明的是，利用归纳假设得出，对于任何 $i \in \{0, \cdots, t-2\}$，有 $\langle \nabla f(x_t), p_i \rangle_A = 0$. 首先观察，通过归纳容易获得 $A p_i \in \mathrm{span}\{p_0, \cdots, p_{i+1}\}$ 来自 (2.21) 和 (2.22). 利用这一事实，结合 $\langle \nabla f(x_t), p_i \rangle A = \langle \nabla f(x_t), A p_i \rangle$ 和 (2.20)，从而得出集 $\{p_0, \cdots, p_{n-1}\}$ 的正交性推论.

我们仍然需要证明 (2.22)，它可以通过参考在先前点的 f 梯度来表示. 回想 x_{t+1} 使得 f 在 $x_0 + \mathrm{span}\{p_0, \cdots, p_t\}$ 上取得最小值，因此给定 p_t 的形式，我们还得到了 x_{t+1} 使得 f 在 $x_0 + \mathrm{span}\{\nabla f(x_0), \cdots, \nabla f(x_t)\}$ 上取得最小值(在某种意义上，共轭梯度是凸二次函数的最优一阶方法). 尤其是 $\langle \nabla f(x_{t+1}), \nabla f(x_t) \rangle = 0$. 实际上，加上集合 $\{p_t\}$ 的正交性和 (2.21)，意味着

$$\frac{\langle \nabla f(x_{t+1}), \ p_t \rangle_A}{\| p_t \|_A^2} = \left(\nabla f(x_{t+1}), \frac{A p_t}{\| p_t \|_A^2} \right) = - \frac{\langle \nabla f(x_{t+1}), \nabla f(x_{t+1}) \rangle}{\langle \nabla f(x_t), \ p_t \rangle}$$

此外，使用定义 (2.22) 和 $\langle \nabla f(x_t), p_{t-1} \rangle = 0$ 时，也有

$$\langle \nabla f(x_t), \ p_t \rangle = \langle \nabla f(x_t), \nabla f(x_t) \rangle$$

因此，我们得到以下关于(线性)共轭梯度算法的重新表示方式，其中 x_0 是一些固定的开始点，$p_0 = \nabla f(x_0)$，

$$x_{t+1} = \underset{x \in \{x_t + \lambda p_t, \lambda \in \mathbb{R}\}}{\arg \min} f(x) \tag{2.23}$$

$$P_{t+1} = \nabla f(x_{t+1}) + \frac{\langle \nabla f(x_{t+1}), \nabla f(x_{t+1}) \rangle}{\langle \nabla f(x_t), \nabla f(x_t) \rangle} p_t \tag{2.24}$$

注意，对于任意凸函数来说，由 (2.23) 和 (2.24) 定义的算法是有意义的，在这种情况下，它被称为非线性共轭梯度. 非线性共轭梯度有许多变体，

上述形式称为 Fletcherâ§Reeves 方法. 另一个在实践中流行的版本是 Polak-Ribière 方法, 该方法基于这样一个事实: 对于一般的非二次情形, 不一定有$\langle \nabla f(x_{t+1}), \nabla f(x_t) \rangle = 0$, 因此, 可以使用以下等式代替:

$$p_{t+1} = \nabla f(x_{t+1}) + \frac{\langle \nabla f(x_{t+1}) - \nabla f(x_t), \nabla f(x_{t+1}) \rangle}{\langle \nabla f(x_t), \nabla f(x_t) \rangle} p_t$$

有关这些算法的更多细节, 以及(2.23)中关于如何处理行搜索的建议, 请参阅 Nocedal 和 Wright[2006].

最后, 我们还注意到线性共轭梯度法通常可以在少于 n 步的时间内获得近似解. 更准确地说, 用 κ 表示 A 的条件数(即 A 的最大特征值与最小特征值之比), 可以证明线性共轭梯度在 $\sqrt{\kappa} \log(1/\varepsilon)$ 阶的多次迭代中达到 ε 最优点. 下一章将对这种收敛速度进行细分, 特别是我们将看到(i)这是一阶方法中的最优速度, 以及(ii)有一种方法可以将这种速度推广到非二次凸函数(尽管算法必须要进行修改).

第 3 章　维度无关的凸优化

我们在这里研究梯度下降方法的变体. 这种迭代算法可以追溯到 Cauchy[1847]，它是在 $\mathbb{R}^n$ 上最小化可微函数 f 的最简单策略. 从某个初始点 $x_1 \in \mathbb{R}^n$ 开始，以下是它的迭代方程：

$$x_{t+1} = x_t - \eta \nabla f(x_t) \tag{3.1}$$

其中，$\eta > 0$ 是恒定步长参数. (3.1)的基本原理是在使 f 的局部一阶泰勒近似(也称为最陡下降方向)最小化的方向上移动.

我们将看到，公式(3.1)的方法可以获得与维度无关的 oracle 复杂性[⊖]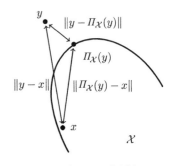. 这一特性使得它们在高维度优化方面特别受欢迎.

除了 3.3 节以外，本章中 $\|\cdot\|$ 表示欧几里得范数. 假设约束集 $\mathcal{X} \subset \mathbb{R}^n$ 是紧致凸的. 我们定义 $\mathcal{X}$ 上的投影算子 $\Pi_{\mathcal{X}}$：

$$\Pi_{\mathcal{X}}(x) = \arg \min_{y \in \mathcal{X}} \|x - y\|$$

参见图 3.1，引理 3.1 是命题 1.3 的一个简单推论，下面的引理的证明是后面研究所需要的.

图 3.1　引理 3.1 的图解

引理 3.1　设 $x \in \mathcal{X}$ 和 $y \in \mathbb{R}^n$，那么

$$(\Pi_{\mathcal{X}}(y) - x)^{\mathrm{T}}(\Pi_{\mathcal{X}}(y) - y) \leqslant 0$$

这也意味着 $\|\Pi_{\mathcal{X}}(y) - x\|^2 + \|y - \Pi_{\mathcal{X}}(y)\|^2 \leqslant \|y - x\|^2$.

⊖　当然，因为需要处理梯度，所以计算复杂性至少在维度上保持线性.

除非另有说明，否则本章中的所有证明均取自 Nesterov[2004a]，且在某些情况下略有简化.

3.1 Lipschitz 函数的投影次梯度下降

在本节中，我们设 $\mathcal{X}$ 包含在以 $x_1 \in \mathcal{X}$ 为中心，半径为 R 的欧几里得球中. 此外，我们设 f 是对于任何 $x \in \mathcal{X}$ 和任何 $g \in \partial f(x)$（我们假设 $\partial f(x) \neq \varnothing$）都满足 $\|g\| \leqslant L$. 注意，通过次梯度不等式和 Cauchy-Schwarz，这意味着 f 是 $\mathcal{X}$ 上的 L-Lipschitz，即 $|f(x) - f(y)| \leqslant L\|x - y\|$.

在这种情况下，我们对公式（3.1）的基本梯度下降做出两个修改. 首先，我们用次梯度 $g \in \partial f(x)$ 代替梯度 $\nabla f(x)$，显然，次梯度可能会出现不存在情况. 其次，更重要的且有必要的话，我们通过向后投影来确保更新点位于 $\mathcal{X}$ 中. 这给出了投影次梯度下降算法，$^{\ominus}$ 下面是对于 $t \geqslant 1$ 情况下的迭代方程：

$$y_{t+1} = x_t - \eta g_t，\text{其中} g_t \in \partial f(x_t) \qquad (3.2)$$

$$x_{t+1} = \Pi_{\mathcal{X}}(y_{t+1}) \qquad (3.3)$$

如图 3.2 所示的此过程. 在上述基础上，我们证明了该方法的收敛速度.

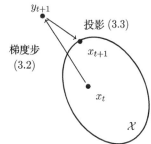

定理 3.2 $\eta = \dfrac{R}{L\sqrt{t}}$ 的投影次梯度下降法

图3.2 投影次梯度下降法图解

满足

$$f\left(\frac{1}{t}\sum_{s=1}^{t} x_s\right) - f(x^*) \leqslant \frac{RL}{\sqrt{t}}$$

⊖ 在优化文献中，术语"下降"是为 $f(x_{t+1}) \leqslant f(x_t)$ 的方法保留的. 从这个意义上说，投影次梯度下降不是一种下降方法.

证明 根据次梯度、方法的定义以及基本恒等式 $2a^\mathrm{T}b = \|a\|^2 + \|b\|^2 - \|a-b\|^2$，得到

$$f(x_s) - f(x^*) \leqslant g_s^\mathrm{T}(x_s - x^*)$$

$$= \frac{1}{\eta}(x_s - y_{s+1})^\mathrm{T}(x_s - x^*)$$

$$= \frac{1}{2\eta}(\|x_s - x^*\|^2 + \|x_s - y_{s+1}\|^2 - \|y_{s+1} - x^*\|^2)$$

$$= \frac{1}{2\eta}(\|x_s - x^*\|^2 - \|y_{s+1} - x^*\|^2) + \frac{\eta}{2}\|g_s\|^2$$

特别地，$\|g_s\| \leqslant L$，通过引理 3.1 进一步得到

$$\|y_{s+1} - x^*\| \geqslant \|x_{s+1} - x^*\|$$

求 s 上的不等式之和，并使用 $\|x_1 - x^*\| \leqslant R$ 得出：

$$\sum_{s=1}^{t}(f(x_s) - f(x^*)) \leqslant \frac{R^2}{2\eta} + \frac{\eta L^2 t}{2}$$

代入 η 的值，将直接给出这个论断（回忆使用凸性质 $f\left(\frac{1}{t}\sum_{s=1}^{t}x_s\right) \leqslant \frac{1}{t}\sum_{s=1}^{t}f(x_s)$）.   □

我们将在 3.5 节中发现，从黑箱的角度来看，定理 3.2 中给出的速率是无法证明的. 因此，要达到 ε-最优点，需要对 oracle 进行 $\Theta(1/\varepsilon^2)$ 次调用. 从某种意义上说，这是一个令人惊讶的结果，因为这种复杂性是与环境维度 n 无关的.$^{\ominus}$另一方面，与第 2 章中以 $\log(1/\varepsilon)$ 进行缩放的重心法和椭球法相比，这也相当令人失望. 使用梯度下降的方法，可以在很高的维度上达到合理的精度，而使用椭球法，可以在很小的维度上达到很高的精度. 以下小节的主要任务是探索要优化的函数的更多限制性假

$\ominus$ 但请注意，数量 R 和 L 可能取决于维度，请参阅第 4 章，以了解更多信息.

设，以使两者兼得，即 oracle 复杂性独立于维度，并且以 $\log(1/\varepsilon)$ 进行缩放.

投影次梯度下降的计算瓶颈往往是投影步(3.3)，投影步本身就是一个凸优化问题. 在某些情况下，这个问题可以接受一个解析解(假设 $\mathcal{X}$ 是一个欧几里得球)，或者一个简单快速的组合算法来解决它(这是 $\mathcal{X}$ 为一个 l_1-球的情况，见 Maculan 和 de Paula[1989]). 我们将在 3.3 节中看到一个无投影算法，该算法在被优化函数的额外平滑假设下运行.

最后，我们观察到定理 3.2 推荐的步长取决于要执行的迭代次数. 实际上，这可能是一个不太好的特性. 然而，使用形式 $\eta_s = \dfrac{R}{L\sqrt{s}}$ 的时变步长，可以证明与达到对数 t 因子下相同的速率. 在任何情况下，这些步长都非常小，这就是收敛速度慢的原因. 在下一节中，我们将看到通过假设函数 f 的平滑度，我们可以变得更加"积极进取". 事实上，在这种情况下，当接近最优值时，梯度本身的大小将变为 0，从而产生一种"自动调整"步长的方法，这种方法对于任意凸函数是不会发生的.

3.2　光滑函数的梯度下降

若梯度 ∇f 是 β-Lipschitz，则连续可微函数 f 是 β-光滑的，有

$$\|\nabla f(x) - \nabla f(y)\| \leqslant \beta \|x - y\|$$

注意到，如果 f 是两次可微的，那么它的 Hessians 特征值小于 β. 在本节中，我们将探讨在这种平滑性假设下收敛速度的潜在改进. 为了避免方法上的问题，首先，我们考虑无约束情形，其中 f 在 $\mathbb{R}^n$ 上是凸 β-光滑函数. 下一个定理说明，这种情况下通过迭代 $x_{t+1} = x_t - \eta \nabla f(x_t)$ 的梯度下降速度比前一节的非光滑情况快得多.

定理 3.3　设 f 在 $\mathbb{R}^n$ 上是凸且 β-光滑的，那么 $\eta = \dfrac{1}{\beta}$ 梯度下降满足

$$f(x_t) - f(x^*) \leqslant \frac{2\beta \|x_1 - x^*\|^2}{t-1}$$

在开始证明之前，我们先引入光滑凸函数的一些性质.

引理 3.4　设 f 是 $\mathbb{R}^n$ 上的 β-光滑函数，那么对于任何 x, $y \in \mathbb{R}^n$，有

$$|f(x) - f(y) - \nabla f(y)^{\mathrm{T}}(x-y)| \leqslant \frac{\beta}{2}\|x-y\|^2$$

证明　我们将 $f(x) - f(y)$ 看成一个积分，应用 Cauchy-Schwarz 和 β-光滑性，得到：

$$
\begin{aligned}
&|f(x) - f(y) - \nabla f(y)^{\mathrm{T}}(x-y)| \\
&= \left| \int_0^1 \nabla f(y + t(x-y))^{\mathrm{T}}(x-y)\,\mathrm{d}t - \nabla f(y)^{\mathrm{T}}(x-y) \right| \\
&\leqslant \int_0^1 \|\nabla f(y + t(x-y)) \quad \nabla f(y)\| \cdot \|x-y\|\,\mathrm{d}t \\
&\leqslant \int_0^1 \beta t \|x-y\|^2\,\mathrm{d}t \\
&= \frac{\beta}{2}\|x-y\|^2 \qquad\qquad\qquad\qquad\qquad \square
\end{aligned}
$$

特别地，这个引理表明，若 f 是凸和 β-光滑的，那么对于任何 x, $y \in \mathbb{R}^n$，有

$$0 \leqslant f(x) - f(y) - \nabla f(y)^{\mathrm{T}}(x-y) \leqslant \frac{\beta}{2}\|x-y\|^2 \tag{3.4}$$

这主要通过给出的不等式(3.5)进一步改善和评估梯度下降方法：

$$f\left(x - \frac{1}{\beta}\nabla f(x)\right) - f(x) \leqslant -\frac{1}{2\beta}\|\nabla f(x)\|^2 \tag{3.5}$$

在光滑性假设下，下一个引理改进了次梯度的基本不等式. 事实上，

证明 f 是凸的，β-光滑当且仅当(3.4)成立. 在文献中(3.4)常被用作光滑凸函数的定义.

引理 3.5 设 f 满足(3.4)，那么对于任何 x，$y \in \mathbb{R}^n$，有

$$f(x)-f(y) \leqslant \nabla f(x)^{\mathrm{T}}(x-y) - \frac{1}{2\beta}\|\nabla f(x)-\nabla f(y)\|^2$$

证明 设 $z = y - \frac{1}{\beta}(\nabla f(y)-\nabla f(x))$，那么有

$$f(x)-f(y)$$
$$=f(x)-f(z)+f(z)-f(y)$$
$$\leqslant \nabla f(x)^{\mathrm{T}}(x-z)+\nabla f(y)^{\mathrm{T}}(z-y)+\frac{\beta}{2}\|z-y\|^2$$
$$=\nabla f(x)^{\mathrm{T}}(x-y)+(\nabla f(x)-\nabla f(y))^{\mathrm{T}}(y-z)+\frac{1}{2\beta}\|\nabla f(x)-\nabla f(y)\|^2$$
$$=\nabla f(x)^{\mathrm{T}}(x-y)-\frac{1}{2\beta}\|\nabla f(x)-\nabla f(y)\|^2 \qquad \square$$

现在可以证明定理 3.3.

证明 使用(3.5)和方法的定义，有

$$f(x_{s+1})-f(x_s) \leqslant -\frac{1}{2\beta}\|\nabla f(x_s)\|^2$$

特别地，令 $\delta_s = f(x_s)-f(x^*)$，有

$$\delta_{s+1} \leqslant \delta_s - \frac{1}{2\beta}\|\nabla f(x_s)\|^2$$

同时也满足凸性

$$\delta_s \leqslant \nabla f(x_s)^{\mathrm{T}}(x_s-x^*) \leqslant \|x_s-x^*\| \cdot \|\nabla f(x_s)\|$$

我们将证明 $\|x_s-x^*\|$ 随 s 的增大而减小，以上两个特性说明：

$$\delta_{s+1} \leqslant \delta_s - \frac{1}{2\beta \|x_1 - x^*\|^2} \delta_s^2$$

让我们看看如何利用最后一个不等式推理证明. 设 $\omega = \dfrac{1}{2\beta \|x_1 - x^*\|_2}$，则[⊖]

$$\omega \delta_s^2 + \delta_{s+1} \leqslant \delta_s \Leftrightarrow \omega \frac{\delta_s}{\delta_{s+1}} + \frac{1}{\delta_s} \leqslant \frac{1}{\delta_{s+1}} \Rightarrow \frac{1}{\delta_{s+1}} - \frac{1}{\delta_s} \geqslant \omega \Rightarrow \frac{1}{\delta_t} \geqslant \omega(t-1)$$

因此，它只剩下证明 $\|x_s - x^*\|$ 随 s 的增大而减小. 使用引理 3.5 立即可以得到

$$(\nabla f(x) - \nabla f(y))^{\mathrm{T}} (x - y) \geqslant \frac{1}{\beta} \|\nabla f(x) - \nabla f(y)\|^2 \qquad (3.6)$$

利用上述的结果（加上 $\nabla f(x^*) = 0$），有

$$\|x_{s+1} - x^*\|^2 = \left\| x_s - \frac{1}{\beta} \nabla f(x_s) - x^* \right\|^2$$

$$= \|x_s - x^*\|^2 - \frac{2}{\beta} \nabla f(x_s)^{\mathrm{T}} (x_s - x^*) + \frac{1}{\beta^2} \|\nabla f(x_s)\|^2$$

$$\leqslant \|x_s - x^*\|^2 - \frac{1}{\beta^2} \|\nabla f(x_s)\|^2$$

$$\leqslant \|x_s - x^*\|^2$$

由此得到证明.   □

约束条件

现在回到约束问题

$$\min f(x)$$
$$\text{使得 } x \in \mathcal{X}$$

⊖ 最后一步可以通过考虑 δ_1 来改进. 实际上，用公式(3.4)可以很容易地证明 $\delta_1 \leqslant \dfrac{1}{4\omega}$. 这使得定理 3.3 的梯度下降速率从 $\dfrac{2\beta \|x_1 - x^*\|^2}{t-1}$ 提高到 $\dfrac{2\beta \|x_1 - x^*\|^2}{t+3}$.

与我们在 3.1 节中所做的一样，我们考虑投影梯度下降算法，该算法通过方程 $x_{t+1} = \Pi_{\mathcal{X}}(x_t - \eta \nabla f(x_t))$ 进行迭代.

无约束光滑优化梯度下降分析的关键是，从 x 开始的梯度下降的步长将函数值至少减至 $\frac{1}{2\beta}\|\nabla f(x)\|^2$，见(3.5). 在受约束的情况下，我们不能期望这仍然成立，因为投影可能会缩短步长. 下一个引理定义了"正确"的数量来度量约束条件下的进度.

引理 3.6   设 x，$y \in \mathcal{X}$，$x^+ = \Pi_{\mathcal{X}}\left(x - \frac{1}{\beta}\nabla f(x)\right)$，$g_{\mathcal{X}}(x) = \beta(x - x^+)$，则下列条件成立：

$$f(x^+) - f(y) \leqslant g_{\mathcal{X}}(x)^{\mathrm{T}}(x-y) - \frac{1}{2\beta}\|g_{\mathcal{X}}(x)\|^2$$

证明   我们首先观察到

$$\nabla f(x)^{\mathrm{T}}(x^+ - y) \leqslant g_{\mathcal{X}}(x)^{\mathrm{T}}(x^+ - y) \qquad (3.7)$$

实际上，根据引理 3.1，上述不等式相当于

$$\left(x^+ - \left(x - \frac{1}{\beta}\nabla f(x)\right)\right)^{\mathrm{T}}(x^+ - y) \leqslant 0$$

现在我们用(3.7)来证明引理. 我们也用(3.4)来证明它在约束条件下仍然成立.

$$f(x^+) - f(y) = f(x^+) - f(x) + f(x) - f(y)$$

$$\leqslant \nabla f(x)^{\mathrm{T}}(x^+ - x) + \frac{\beta}{2}\|x^+ - x\|^2 + \nabla f(x)^{\mathrm{T}}(x - y)$$

$$= \nabla f(x)^{\mathrm{T}}(x^+ - y) + \frac{1}{2\beta}\|g_{\mathcal{X}}(x)\|^2$$

$$\leqslant g_{\mathcal{X}}(x)^{\mathrm{T}}(x^+ - y) + \frac{1}{2\beta}\|g_{\mathcal{X}}(x)\|^2$$

$$= g_{\mathcal{X}}(x)^{\mathrm{T}}(x-y) - \frac{1}{2\beta}\|g_{\mathcal{X}}(x)\|^2 \qquad\qquad \square$$

我们现在可以证明以下结果.

定理 3.7 设 f 在 $\mathcal{X}$ 上是凸且 β-光滑的，则 $\eta = \dfrac{1}{\beta}$ 的投影梯度下降满足

$$f(x_t) - f(x^*) \leqslant \frac{3\beta\|x_1 - x^*\|^2 + f(x_1) - f(x^*)}{t}$$

证明 引理 3.6 立即给出

$$f(x_{s+1}) - f(x_s) \leqslant -\frac{1}{2\beta}\|g_{\mathcal{X}}(x_s)\|^2$$

和

$$f(x_{s+1}) - f(x^*) \leqslant \|g_{\mathcal{X}}(x_s)\| \cdot \|x_s - x^*\|$$

我们将证明 $\|x_s - x^*\|$ 随 s 的增大而减小，这意味着

$$\delta_{s+1} \leqslant \delta_s - \frac{1}{2\beta\|x_1 - x^*\|^2}\delta_{s+1}^2$$

通过简单的归纳总结，有

$$\delta_s \leqslant \frac{3\beta\|x_1 - x^*\|^2 + f(x_1) - f(x^*)}{s}$$

因此，它只剩下表明 $\|x_s - x^*\|$ 随 s 的增大而减小. 使用引理 3.6，可以看到 $g_{\mathcal{X}}(x_s)^{\mathrm{T}}(x_s - x^*) \geqslant \dfrac{1}{2\beta}\|g_{\mathcal{X}}(x_s)\|^2$，这意味着

$$\|x_{s+1} - x^*\|^2 = \|x_s - \frac{1}{\beta}g_{\mathcal{X}}(x_s) - x^*\|^2$$

$$= \|x_s - x^*\|^2 - \frac{2}{\beta}g_{\mathcal{X}}(x_s)^{\mathrm{T}}(x_s - x^*) + \frac{1}{\beta^2}\|g_{\mathcal{X}}(x_s)\|^2$$

$$\leqslant \|x_s - x^*\|^2 \qquad\qquad \Box$$

3.3 条件梯度下降

我们现在描述在紧致凸集 $\mathcal{X}$ 上最小化光滑凸函数 f 的另一种算法. Frank 和 Wolfe[1956]中引入的条件梯度下降(也称 Frank-Wolfe)对 $t \geqslant 1$ 执行以下更新,其中$(\gamma_s)_{s \geqslant 1}$ 是固定序列,

$$y_t \in \arg\min_{y \in \mathcal{X}} \nabla f(x_t)^{\mathrm{T}} y \qquad\qquad (3.8)$$

$$x_{t+1} = (1 - \gamma_t) x_t + \gamma_t y_t \qquad\qquad (3.9)$$

换句话说,在给定约束集 $\mathcal{X}$ 的情况下,条件梯度下降沿最陡下降方向前进一步,如图 3.3 所示. 从计算的角度来看,该方案的一个关键特性是它用 $\mathcal{X}$ 上的线性优化来代替投影梯度下降的投影步长,在某些情况下,这可能是一个比较简单的问题.

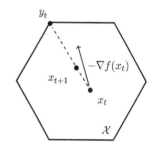

我们现在来分析一下这种方法. 条件梯度下降法相对于投影梯度下降法的一个主要优点是它能适应任意范数下的光滑性. 精确

图 3.3 条件梯度下降的图解

地让 f 在某个范数 $\|\cdot\|$ β-光滑,即 $\|\nabla f(x) - \nabla f(y)\|_* \leqslant \beta \|x - y\|$,其中对偶范数 $\|\cdot\|_*$ 定义为 $\|g\|_* = \sup\limits_{x \in \mathbb{R}^n : \|x\| \leqslant 1} g^{\mathrm{T}} x$. 以下结果摘自 Jaggi[2013] (另见 Dunn 和 Harshbarger[1978]).

定理 3.8 设 f 是关于某个范数 $\|\cdot\|$ 凸的 β-光滑函数,其中 $R = \sup\limits_{x,y \in \mathcal{X}} \|x - y\|$,对于 $s \geqslant 1$,有 $\gamma_s = \dfrac{2}{s+1}$. 设 $t \geqslant 2$,则

$$f(x_t) - f(x^*) \leqslant \frac{2\beta R^2}{t+1}$$

证明 分别使用 β-光滑性(很容易看出(3.4)适用于任意范数中的光滑性)、x_{s+1} 的定义、y_s 的定义和 f 的凸性,以下不等式成立:

$$f(x_{s+1}) - f(x_s) \leqslant \nabla f(x_s)^{\mathrm{T}}(x_{s+1} - x_s) + \frac{\beta}{2}\|x_{s+1} - x_s\|^2$$

$$\leqslant \gamma_s \nabla f(x_s)^{\mathrm{T}}(y_s - x_s) + \frac{\beta}{2}\gamma_s^2 R^2$$

$$\leqslant \gamma_s \nabla f(x_s)^{\mathrm{T}}(x^* - x_s) + \frac{\beta}{2}\gamma_s^2 R^2$$

$$\leqslant \gamma_s(f(x^*) - f(x_s)) + \frac{\beta}{2}\gamma_s^2 R^2$$

用 $\delta_s = f(x_s) - f(x^*)$ 重写这个不等式,有

$$\delta_{s+1} \leqslant (1 - \gamma_s)\delta_s + \frac{\beta}{2}\gamma_s^2 R^2$$

使用 $\gamma_s = \dfrac{2}{s+1}$ 的简单归纳法完成证明(注意,初始化是在步骤 2 完成的,上面的不等式推出 $\delta_2 \leqslant \dfrac{\beta}{2}R^2$). $\qquad\square$

除了与投影无关和范数无关外,条件梯度下降满足一个更重要的特性:它产生稀疏迭代. 更精确地考虑 $\mathcal{X} \subset \mathbb{R}^n$ 是多面体的情况,即有限点集(这些点称为 $\mathcal{X}$ 的顶点)的凸包. 然后 Carathéodory 定理指出,任何点 $x \in \mathcal{X}$ 都可以写成 $\mathcal{X}$ 的至多 $n+1$ 个顶点的凸组合;另一方面,根据条件梯度下降的定义,我们知道第 t 次迭代中 x_t 可以写成 t 个顶点的凸组合(假设 x_1 是一个顶点). 由于维度无关的收敛速度,人们通常对 $t \ll n$ 的区域感兴趣,因此我们看到条件梯度下降迭代在其顶点表示上非常稀疏.

我们注意到稀疏性质与收敛速度的一个有趣的推论,我们证明了:单纯形 $\left\{x \in \mathbb{R}_+^n : \sum\limits_{i=1}^n x_i = 1\right\}$ 上的光滑函数总是使得稀疏逼近极小. 更精确地说,必须存在一个只有 t 非零坐标的点 x,并且 $f(x) - f(x^*) =$

$O(1/t)$. 显然，这是一般情况下人们所能期望的最好的结果，其从函数 $f(x)=\|x\|_2^2$ 可以看出，因为根据 Cauchy-Schwarz 有 $\|x\|_1 \leqslant \sqrt{\|x\|_0}\|x\|_2$，这意味着单纯形 $\|x\|_2^2 > 1/\|x\|_0$.

接下来我们将描述一个应用程序，其中条件梯度下降的三个特性（与投影无关、与范数无关以及稀疏迭代）对于开发一个计算效率高的过程至关重要.

条件梯度下降的一个应用：具有结构稀疏性的最小二乘回归

这个例子的灵感来自 Lugosi[2010]（另见 Jones[1992]）. 考虑用字典元素 $d_1, \cdots, d_N \in \mathbb{R}^n$ 的"小"组合逼近信号 $Y \in \mathbb{R}^n$ 的问题. 一种方法是考虑一个 LASSO 型问题，其维数为 N，形式如下（固定 $\lambda \in \mathbb{R}$）：

$$\min_{x \in \mathbb{R}^N} \left\| Y - \sum_{i=1}^N x(i) d_i \right\|_2^2 + \lambda \|x\|_1$$

设 $D \in \mathbb{R}^{n \times N}$ 为字典矩阵，第 i 列由 d_i 给出. 不考虑问题的惩罚版本，我们可以看看下面的约束问题（固定 $s \in \mathbb{R}$），我们现在将关注这些问题，如 Friedlander 和 Tseng[2007]，

$$\min_{x \in \mathbb{R}^N} \|Y - Dx\|_2^2, \|x\|_1 \leqslant s \quad \Leftrightarrow \quad \min_{x \in \mathbb{R}^N} \|Y/s - Dx\|_2^2, \|x\|_1 \leqslant 1 \quad (3.10)$$

我们对字典做了一些假设. 我们感兴趣的是字典 N 可能非常大的情况，在环境维度 n 中可能是指数级的情况. 尽管如此，我们希望将注意力限制在相对于环境维度 n 在合理时间内运行的算法上，也就是说，我们想得到关于 n 的多项式时间算法. 当然，一般来说这是不可能的，我们需要假设字典有一些可以利用的结构. 这里我们假设可以在 n 的多项式时间内对字典进行线性优化. 更准确地说，我们假设可以在时间 $p(n)$（其中 p 是多项式）内解决任意 $y \in \mathbb{R}^n$ 的下列问题：

$$\min_{1 \leqslant i \leqslant N} y^\top d_i$$

这一假设适用于许多组合词典. 例如，the dicÂntioÂnnary eleÂnments

could be vecÂŋtor of inciÂŋdence of spanÂŋning trees in some fixed graph，in which case the linÂŋear optiÂŋmizaÂŋtion probÂŋlem can be solved with a greedy algorithm.（字典元素可以是某个固定图中生成树的关联向量，在这种情况下，线性优化问题可以用贪婪算法求解）.

最后，对于规范化问题，我们假设字典元素的 l_2-范数由 $m>0$ 控制，即 $\|d_i\|_2 \leqslant m$，$\forall i \in [N]$.

我们感兴趣的问题(3.10)对应于在关于 n 的多项式时间内最小化 $\mathbb{R}^N$ 的 l_1-范数球上的函数 $f(x)=1/2\|Y-Dx\|_2^2$. 乍一看，这项任务似乎完全不可能完成，事实上甚至完全不能写出向量 $x \in \mathbb{R}^N$（因为这需要 N 的时间线性）. 这个函数的关键特性是允许稀疏极小化，正如我们在前一节所讨论的，这将被条件梯度下降方法所利用.

首先研究条件梯度下降第 t 步的计算复杂性. 请注意，

$$\nabla f(x) = D^{\mathrm{T}}(Dx-Y)$$

现在假设 $z_t = Dx_t - Y \in \mathbb{R}^n$ 已经计算好了，那么要计算(3.8)，需要找到最大化 $|[\nabla f(x_t)](i)|$ 的坐标 $i_t < [N]$，这可以通过最大化 $d_i^{\mathrm{T}} z_t$ 和 $-d_i^{\mathrm{T}} z_t$ 来实现. 因此(3.8)需要时间 $O(p(n))$. 因为 $\|x_t\|_0 \leqslant t$，从 z_t 计算 z_{t+1}，i_t 需要时间 $O(n)$. 因此，运行 t 步的总时间复杂性是（我们假设 $p(n)=\Omega(n)$）

$$O(tp(n)+t^2) \tag{3.11}$$

为了得到一个收敛速度，仍然需要研究 f 的光滑性. 这可以按如下进行：

$$\begin{aligned}
\|\nabla f(x) - \nabla f(y)\|_\infty &= \|D^{\mathrm{T}}D(x-y)\|_\infty \\
&= \max_{1 \leqslant i \leqslant N} \left| d_i^{\mathrm{T}} \left(\sum_{j=1}^N d_j(x(j)-y(j)) \right) \right| \\
&\leqslant m^2 \|x-y\|_1
\end{aligned}$$

这意味着 f 相对于 l_1-范数是 m^2-光滑的. 因此我们得到以下收敛速度：

$$f(x_t) - f(x^*) \leqslant \frac{8m^2}{t+1} \tag{3.12}$$

把（3.11）和（3.12）放在一起，我们证明使用条件梯度下降法计算 $O(m^2 p(n)/\varepsilon + m^4/\varepsilon^2)$ 可以得到（3.10）的 ε-最优解.

3.4　强凸性

我们现在将讨论凸函数的另一个性质，它可以显著加快一阶方法的收敛速度：强凸性. 我们说 $f: \mathcal{X} \to \mathbb{R}$ 是 α-强凸的，如果满足以下改进的次梯度不等式：

$$f(x) - f(y) \leqslant \nabla f(x)^{\mathrm{T}}(x-y) - \frac{\alpha}{2}\|x-y\|^2 \tag{3.13}$$

当然，这个定义不需要函数 f 的可微性，可以用 $g \in \partial f(x)$ 代替上面不等式中的 $\nabla f(x)$. 当且仅当 $x \mapsto f(x) - \frac{\alpha}{2}\|x\|^2$ 是凸的（特别当 f 是二次可微的时，f 的 Hessian 的特征值必须大于 α），马上可以证明函数 f 是 α-强凸的. 强凸性参数 α 是 f 曲率的度量. 例如，线性函数没有曲率，因此 $\alpha = 0$. 另一方面，我们可以清楚地看到为什么 α 取大值会导致更快的速率：在这种情况下，远离最优解的点会有一个很大的梯度，因此，当远离最优解时，梯度下降会产生很大的步长. 当然，若函数是非光滑的，我们仍然需要小心，并将步长调整为相对较小的，但是我们仍然可以将 oracle 的复杂性从 $O(1/\varepsilon^2)$ 提高到 $O(1/(\alpha\varepsilon))$. 另一方面，在 β-光滑性的附加假设下，我们将证明在步长不变的情况下，梯度下降的收敛速度是线性的，精确地说，oracle 复杂性为 $O\left(\frac{\beta}{\alpha}\log(1/\varepsilon)\right)$. 这达到了我们在定理 3.2 之后设定的目标：强凸函数和光滑函数可以在非常大的维数进行优化，并达到非常高的准确度.

在讨论证明之前，让我们讨论强凸性的另一种解释及其与光滑性的关系. 式(3.13)可以理解为：在任意点 x，可以找到函数 f 的(凸)二次下界 $q_x^-(y)=f(x)+\nabla f(x)^{\mathrm{T}}(y-x)+\dfrac{\alpha}{2}\|x-y\|^2$，即 $q_x^-(y)\leqslant f(y)$，$\forall y\in\mathcal{X}$ (和 $q_x^-(x)=f(x)$). 另一方面，对于 β-光滑性(3.4)意味着在任意点 y，我们可以找到函数 f 的(凸的)二次上界 $q_y^+(x)=f(y)+\nabla f(y)^{\mathrm{T}}(x-y)+\dfrac{\beta}{2}\|x-y\|^2$，即 $q_y^+(x)\geqslant f(x)$，$\forall x\in\mathcal{X}$(和 $q_y^+(y)=f(y)$). 因此，在某种意义上，强凸性是对光滑性的一个对偶假设，事实上，这可以在 Fenchel 对偶的框架内得到精确的证明. 还要注意，很明显总是有 $\beta\geqslant\alpha$.

3.4.1　强凸函数和 Lipschitz 函数

本小节我们考虑时变步长 $(\eta_t)_{t\geqslant1}$ 投影次梯度下降算法，即

$$y_{t+1}=x_t-\eta_t g_t,\ \text{其中}\ g_t\in\partial f(x_t)$$
$$y_{t+1}=\Pi_{\mathcal{X}}(y_{t+1})$$

以下证明摘自 Lacoste Julien et al. [2012].

定理 3.9　设 f 是 $\mathcal{X}$ 上的 α-强凸且 L-Lipschitz 的，则 $\eta_s=\dfrac{2}{\alpha(s+1)}$ 的投影次梯度下降满足

$$f\Big(\sum_{s=1}^{t}\frac{2s}{t(t+1)}x_s\Big)-f(x^*)\leqslant\frac{2L^2}{\alpha(t+1)}$$

证明　回到我们在 3.1 节中对投影次梯度下降的原始分析，并使用强凸性假设，可以马上得到

$$f(x_s)-f(x^*)\leqslant\frac{\eta_s}{2}L^2+\Big(\frac{1}{2\eta_s}-\frac{\alpha}{2}\Big)\|x_s-x^*\|^2-\frac{1}{2\eta_s}\|x_{s+1}-x^*\|^2$$

把这个不等式乘以 s 得到

$$s(f(x_s)-f(x^*)) \leqslant \frac{L^2}{\alpha} + \frac{\alpha}{4}(s(s-1)\|x_s-x^*\|^2 - s(s+1)\|x_{s+1}-x^*\|^2)$$

现在求 $s=1$ 到 $s=t$ 上的不等式的和，并应用 Jensen 不等式得到结论.

□

3.4.2　强凸光滑函数

正如我们现在将看到的，同时具有强凸性和光滑性可以极大地提高收敛速度. 我们用 $\kappa=\beta/\alpha$ 表示 f 的条件数. 关键的观察是引理 3.6 可以改进为（用引理的表示法）：

$$f(x^+)-f(y) \leqslant g_{\mathcal{X}}(x)^{\mathrm{T}}(x-y) - \frac{1}{2\beta}\|g_{\mathcal{X}}(x)\|^2 - \frac{\alpha}{2}\|x-y\|^2 \qquad (3.14)$$

定理 3.10　设 f 是在 $\mathcal{X}$ 上 α-强凸且 β-光滑的，则具有 $\eta=\frac{1}{\beta}$ 的投影梯度下降对于任意的 $t \geqslant 0$，满足

$$\|x_{t+1}-x^*\|^2 \leqslant \exp\left(-\frac{t}{\kappa}\right)\|x_1-x^*\|^2$$

证明　使用 $y=x^*$ 条件下的(3.14)直接得到

$$\|x_{t+1}-x^*\|^2 = \left\|x_t - \frac{1}{\beta}g_{\mathcal{X}}(x_t) - x^*\right\|^2$$

$$= \|x_t-x^*\|^2 - \frac{2}{\beta}g_{\mathcal{X}}(x_t)^{\mathrm{T}}(x_t-x^*) + \frac{1}{\beta^2}\|g_{\mathcal{X}}(x_t)\|^2$$

$$\leqslant \left(1-\frac{\alpha}{\beta}\right)\|x_t-x^*\|^2$$

$$\leqslant \left(1-\frac{\alpha}{\beta}\right)^t\|x_1-x^*\|^2$$

$$\leqslant \exp\left(-\frac{t}{\kappa}\right)\|x_1-x^*\|^2$$

这就是证明的结论.   □

我们现在证明，在无约束的情况下，可以通过一个常数因子来提高速率，精确地说，可以在使用了更大步长的 oracle 复杂性边界中用 κ 的 $(\kappa+1)/4$. **这不是一个惊人的收获，但推理基于(3.6)的改进，这可能是感兴趣的点.** (3.6)和接下来的引理有时被称为梯度的矫顽性格.

引理 3.11   设 f 在 $\mathbb{R}^n$ 上是 β-光滑且 α-强凸的. 那么对于所有的 x, $y \in \mathbb{R}^n$，有

$$(\nabla f(x) - \nabla f(y))^{\mathrm{T}}(x-y) \geqslant \frac{\alpha\beta}{\beta+\alpha}\|x-y\|^2 + \frac{1}{\beta+\alpha}\|\nabla f(x) - \nabla f(y)\|^2$$

证明   设 $\varphi(x) = f(x) - \frac{\alpha}{2}\|x\|^2$. 根据 α-强凸性的定义，φ 是凸的. 此外，我们可以通过证明(3.4)来证明 φ 是 $(\beta-\alpha)$-光滑的(并且使用它意味着光滑). 因此使用(3.6)可以得到

$$(\nabla\varphi(x) - \nabla\varphi(y))^{\mathrm{T}}(x-y) \geqslant \frac{1}{\beta-\alpha}\|\nabla\varphi(x) - \nabla\varphi(y)\|^2$$

它给出了直接计算的结果. (注意，如果 $\alpha=\beta$，则 φ 的光滑性显然意味着 $\nabla f(x) - \nabla f(y) = \alpha(x-y)$，这证明了本例中的引理.)   □

定理 3.12   设 f 在 $\mathbb{R}^n$ 上是 β-光滑 α-强凸的. 那么 $\eta = \frac{2}{\alpha+\beta}$ 的梯度下降满足

$$f(x_{t+1}) - f(x^*) \leqslant \frac{\beta}{2}\exp\left(-\frac{4t}{\kappa+1}\right)\|x_1 - x^*\|^2$$

证明   首先要注意的是，通过 β-光滑(因为 $\nabla f(x^*)=0$)，可以得到

$$f(x_t) - f(x^*) \leqslant \frac{\beta}{2}\|x_t - x^*\|^2$$

现在使用引理 3.11 可以得到

$$
\begin{aligned}
\|x_{t+1}-x^*\|^2 &= \|x_t-\eta\,\nabla f(x_t)-x^*\|^2 \\
&= \|x_t-x^*\|^2-2\eta\,\nabla f(x_t)^{\mathrm{T}}(x_t-x^*)+\eta^2\|\nabla f(x_t)\|^2 \\
&\leqslant \left(1-2\,\frac{\eta\alpha\beta}{\beta+\alpha}\right)\|x_t-x^*\|^2+\left(\eta^2-2\,\frac{\eta}{\beta+\alpha}\right)\|\nabla f(x_t)\|^2 \\
&= \left(\frac{\kappa-1}{\kappa+1}\right)^2\|x_t-x^*\|^2 \\
&\leqslant \exp\left(-\frac{4t}{\kappa+1}\right)\|x_1-x^*\|^2
\end{aligned}
$$

这就是证明的结论. $\qquad\square$

3.5 下限

我们在这里证明了各种 oracle 复杂性的下界. Nemirovski 和 Yudin [1983] 中出现了最初的证明结果，但本书采用 Nesterov[2004a] 的简化表示. 一般来说，黑箱过程是从 "history" 到下一个查询点的映射，即映射 $(x_1,\ g_1,\ \cdots,\ x_t,\ g_t)(g_s\in\partial f(x_s))$ 到 x_{t+1}. 为了简化符号和参数，在本节中，我们对黑箱过程做了如下假设：当 $x_1=0$ 时，对于任何 $t\geqslant0$，有 x_{t+1} 都在 $g_1,\ \cdots,\ g_t$ 的线性范围内，即

$$
x_{t+1}\in\mathrm{Span}(g_1,\ \cdots,\ g_t) \tag{3.15}
$$

让 $e_1,\ \cdots,\ e_n$ 是 $\mathbb{R}^n$ 的规范基，$\mathrm{B}_2(R)=\{x\in\mathbb{R}^n:\|x\|\leqslant R\}$. 我们从两个非光滑情形(凸和强凸)的一个定理开始.

定理 3.13 设 $t\leqslant n$，$L,\ R>0$. 存在一个凸的 L-Lipschitz 函数 f，使得对于满足 (3.15) 任何黑箱过程，都有

$$
\min_{1\leqslant s\leqslant t}f(x_s)-\min_{x\in\mathrm{B}_2(R)}f(x)\geqslant\frac{RL}{2(1+\sqrt{t})}
$$

还存在一个 α-强凸和 L-lipschitz 函数 f，使得对于任何满足(3.15)的黑箱过程，都有

$$\min_{1\leqslant s\leqslant t} f(x_s) - \min_{x\in \mathrm{B}_2\left(\frac{L}{2\alpha}\right)} f(x) \geqslant \frac{L^2}{8\alpha t}$$

注意，上面的结果被限制在小于维度的迭代次数上，也就是 $t\leqslant n$. 当然，要获得 $1/t$ 的下界多项式，这个限制是必要的：正如我们在第 2 章中看到的，当调用 oracle 的次数大于维度时，总是可以获得指数收敛速度.

证明   我们考虑以下 α-强凸函数：

$$f(x) = \gamma \max_{1\leqslant i\leqslant t} x(i) + \frac{\alpha}{2}\|x\|^2$$

容易得出

$$\partial f(x) = \alpha x + \gamma \mathrm{conv}(e_i, \ i: x(i) = \max_{1\leqslant j\leqslant t} x(j))$$

特别是，若 $\|x\|\leqslant R$，那么对于任何 $g\in\partial f(x)$，都有 $\|g\|\leqslant \alpha R + \gamma$，即在 $\mathrm{B}_2(R)$ 上 f 是 $(\alpha R+\gamma)$-Lipschitz 的.

接下来我们描述这个函数的一阶 oracle：当要求 x 处的次梯度时，它返回 $\alpha x + \gamma e_i$，其中 i 是满足 $x(i) = \max_{1\leqslant j\leqslant t} x(j)$ 的第一个坐标. 特别是当要求 $x_1 = 0$ 处的次梯度时，它返回 e_1. 因此 x_2 必须位于 e_1 生成的行上. 通过归纳很容易看出，实际上 x_s 必须位于 $e_1, \cdots, e_{s-1}$ 的线性跨度内. 特别是对于 $s\leqslant t$，我们必然有 $x_s(t) = 0$，因此 $f(x_s)\geqslant 0$.

仍然需要计算 f 的最小值. 对于 $1\leqslant i\leqslant t$，设 y 有 $y(i) = -\frac{\gamma}{\alpha t}$，对于 $t+1\leqslant i\leqslant n$，有 $y(i) = 0$. 显然，当 $0\in\partial f(y)$ 时，存在 f 的最小值

$$f(y) = -\frac{\gamma^2}{\alpha t} + \frac{\alpha}{2}\frac{\gamma^2}{\alpha^2 t} = -\frac{\gamma^2}{2\alpha t}$$

最后，我们证明了对于任何 $s \leqslant t$，都有

$$f(x_s) - f(x^*) \geqslant \frac{\gamma^2}{2\alpha t}$$

取 $\gamma = L/2$ 和 $R = \frac{L}{2\alpha}$，特别是在具体特定参数 $\|y\|^2 = \frac{\gamma^2}{\alpha^2 t} = \frac{L^2}{4\alpha^2 t} \leqslant R^2$ 的情况下，证明了 α-强凸函数的下界；另一方面，取 $\alpha = \frac{L}{R} \frac{1}{1+\sqrt{t}}$ 和 $\gamma = L \frac{\sqrt{t}}{1+\sqrt{t}}$，特别是在具体特定参数 $\|y\|^2 = \frac{\gamma^2}{\alpha^2 t} = R^2$ 的情况下，我们得到了凸函数的证明. □

我们开始证明处理平滑情况. 正如将在下面的证明中看到的那样，我们将注意力放在二次函数上，在这种情况下，我们记得，在 n 次调用 oracle 中可以获得精确的最优值(参见 2.4 节). 还记得，对于两次可微函数 f，β-光滑性等价于 f 上任何点的 Hessian 的最大特征值小于 β. 我们可以写成

$$\nabla^2 f(x) \leqslant \beta I_n, \quad \forall x$$

此外，α-强凸性等价于

$$\nabla^2 f(x) \geqslant \alpha I_n, \quad \forall x$$

定理 3.14 设 $t \leqslant (n-1)/2$，$\beta > 0$. 存在一个 β-光滑凸函数 f，对于满足(3.15)的任何黑箱过程，使得

$$\min_{1 \leqslant s \leqslant t} f(x_s) - f(x^*) \geqslant \frac{3\beta}{32} \frac{\|x_1 - x^*\|^2}{(t+1)^2}$$

证明 对于 $h: \mathbb{R}^n \to \mathbb{R}$ 的证明，用 $h^* = \inf_{x \in \mathbb{R}^n} h(x)$ 表示. 对于 $k \leqslant n$，设 $A_k \in \mathbb{R}^{n \times n}$ 为以下所定义的对称对角矩阵：

$$(A_k)_{i,j}=\begin{cases} 2, & i=j,\ i\leqslant k \\ -1, & j\in\{i-1,\ i+1\},\ i\leqslant k,j\neq k+1 \\ 0, & \text{其他} \end{cases}$$

很容易验证 $0\leqslant A_k\leqslant 4I_n$，因为

$$x^{\mathrm{T}}A_k x=2\sum_{i=1}^{k}x(i)^2-2\sum_{i=1}^{k-1}x(i)x(i+1)$$
$$=x(1)^2+x(k)^2+\sum_{i=1}^{k-1}(x(i)-x(i+1))^2$$

我们现在考虑下列 β-光滑凸函数：

$$f(x)=\frac{\beta}{8}x^{\mathrm{T}}A_{2t+1}x-\frac{\beta}{4}x^{\mathrm{T}}e_1$$

与证明定理 3.13 类似，这里也可以看到，x_s 必须位于 e_1，…，e_{s-1} 的线性跨度中(因为我们对黑箱程序的假设)．特别地，对于 $s\leqslant t$，我们需有 $x_s(i)=0$，其中 $i=s$，…，n，这意味着 $x_s^{\mathrm{T}}A_{2t+1}x_s=x_s^{\mathrm{T}}A_s x_s$．换句话说，如果我们表示

$$f_k(x)=\frac{\beta}{8}x^{\mathrm{T}}A_k x-\frac{\beta}{4}x^{\mathrm{T}}e_1$$

接着，我们证明了

$$f(x_s)-f^*=f_s(x_s)-f_{2t+1}^*\geqslant f_s^*-f_{2t+1}^*\geqslant f_t^*-f_{2t+1}^*$$

因此，只需计算 f_k 的最小 x_k^*、它的范数和相应的函数值 f_k^*．

点 x_k^* 是 $A_k x=e_1$ 的 e_1，…，e_k 范围内的唯一解．很容易验证它是由 $x_k^*(i)=1-\frac{i}{k+1}$ 所定义的，其中 $i=1$，…，k．因此，我们立即得到：

$$f_k^*=\frac{\beta}{8}(x_k^*)^{\mathrm{T}}A_k x_k^*-\frac{\beta}{4}(x_k^*)^{\mathrm{T}}e_1=-\frac{\beta}{8}(x_k^*)^{\mathrm{T}}e_1=-\frac{\beta}{8}\Big(1-\frac{1}{k+1}\Big)$$

进一步，由

$$\|x_k^*\|^2 = \sum_{i=1}^k \left(1 - \frac{i}{k+1}\right)^2 = \sum_{i=1}^k \left(\frac{i}{k+1}\right)^2 \leqslant \frac{k+1}{3}$$

得出

$$f_t^* - f_{2t+1}^* = \frac{\beta}{8}\left(\frac{1}{t+1} - \frac{1}{2t+2}\right) \geqslant \frac{3\beta}{32}\frac{\|x_{2t+1}^*\|^2}{(t+1)^2}$$

这就是需要证明的结论.　　　　　　　　　　　　　　　　　　□

为了简化下一个定理的证明，我们将考虑极限情形 $n \to +\infty$. 更准确地说，我们现在假设是在 $l_2 = \{x = (x(n))_{n \in \mathbb{N}} : \sum_{i=1}^{+\infty} x(i)^2 < +\infty\}$ 中工作，而不是在 $\mathbb{R}^n$ 中工作. 注意，我们在这一章中证明的所有定理实际上在任意 Hilbert 空间 $\mathcal{H}$ 中都是有效的. 我们选择在 $\mathbb{R}^n$ 中工作只是为了清楚说明.

定理 3.15 设 $\kappa > 1$. 存在一个 $\kappa = \beta/\alpha$ 的 β-光滑 α-强凸函数 $f : l_2 \to \mathbb{R}$，对于任何 $t \geqslant 1$ 和任何满足 (3.15) 的黑箱过程，有

$$f(x_t) - f(x^*) \geqslant \frac{\alpha}{2}\left(\frac{\sqrt{\kappa}-1}{\sqrt{\kappa}+1}\right)^{2(t-1)} \|x_1 - x^*\|^2$$

当条件数 κ 取大值时，有

$$\left(\frac{\sqrt{\kappa}-1}{\sqrt{\kappa}+1}\right)^{2(t-1)} \approx \exp\left(-\frac{4(t-1)}{\sqrt{\kappa}}\right)$$

证明 总体的结论类似于定理 3.14 的证明. 设 $A : l_2 \to l_2$ 是对应于无穷三对角矩阵的线性算子，其对角线上是 2，对角线上两边都是 -1. 我们现在考虑以下函数：

$$f(x) = \frac{\alpha(\kappa-1)}{8}(\langle Ax, x\rangle - 2\langle e_1, x\rangle) + \frac{\alpha}{2}\|x\|^2$$

我们已经证明了 $0 \leqslant A \leqslant 4I$，这很容易表明 f 是 α-强凸且 β-光滑的.

现在与往常一样，主要观察到对于这个函数（由于我们对黑箱过程的假设），必然有 $x_t(i)=0$，$\forall i \geqslant t$. 这尤其意味着：

$$\|x_t - x^*\|^2 \geqslant \sum_{i=t}^{+\infty} x^*(i)^2$$

此外，由于 f 是 α-强凸的，因此

$$f(x_t) - f(x^*) \geqslant \frac{\alpha}{2}\|x_t - x^*\|^2$$

因此只剩下计算 x^*. 这可以通过对 f 进行微分，并将梯度设置为 0 来完成，它将给出以下无限多个方程：

$$1 - 2\frac{\kappa+1}{\kappa-1}x^*(1) + x^*(2) = 0$$

$$x^*(k-1) - 2\frac{\kappa+1}{\kappa-1}x^*(k) + x^*(k+1) = 0, \quad \forall k \geqslant 2$$

很容易证明由 $x^*(i) = \left(\frac{\sqrt{\kappa}-1}{\sqrt{\kappa}+1}\right)^i$ 所定义的 x^* 满足这个无限方程组，然后通过直接计算得出定理的结论. $\square$

3.6　几何下降

到目前为止，在平滑优化的情况下，我们的结果还存在差距：梯度下降达到了 $O(1/\varepsilon)$ 的 oracle 复杂性（强凸情况下分别为 $O(\kappa\log(1/\varepsilon))$），而我们推导了一个下界 $\Omega(1/\sqrt{\varepsilon})$（分别为 $\Omega(\sqrt{\kappa}(\log(1/\varepsilon)))$）. 在本节中，我们使用最近在 Bubeck et al.［2015b］中所介绍的几何下降法来解决这些分歧. Nemirovski 和 Yudin［1983］提出了第一种具有最优 oracle 复杂性的方法. 该方法受共轭梯度（见 2.4 节）的启发，假设 oracle 来计算平面搜索. 在 Nemirovski［1982］中，这一假设被放宽为线搜索 oracle（几何下降法也

需要线搜索 oracle). 最后，在 Nesterov[1983]中引入了只需要一阶 oracle 的优化方法. 后一种被称为 Nesterov 加速梯度下降算法，是迄今为止最有效的平滑优化方法，在 3.7 节中，我们对此方法进行了描述和分析. 正如我们将看到的，Nesterov 加速梯度下降背后的直观表达(包括算法的推导和分析)并不十分透明. 这促使本部分几何下降有一个简单的几何解释，松弛地受到椭球法的启发(见 2.2 节).

本节讨论了光滑强凸函数的无约束优化问题，证明了几何下降法达到了 $O(\sqrt{\kappa}\log(1/\varepsilon))$ 的 oracle 复杂性，从而导致基本梯度下降法的复杂性降低了一个因子 $\sqrt{\kappa}$，我们注意到这一改进对机器学习应用是很有意义的. 例如，考虑 1.1 节中描述的 logistic 回归问题：这是一个光滑且强凸的问题，具有数值常数阶的光滑性，但强凸性等于正则化参数，其倒数可能与样本一样大. 因此，在这种情况下，κ 可以是样本大小的一个数量级，并且使用因子 $\sqrt{\kappa}$ 的更快速率是相当显著的. 我们还观察到，对于光滑和强凸目标，这种改进的速率也意味着对于光滑情形来说，$O(\log(1/\varepsilon)/\sqrt{\varepsilon})$ 几乎是最优速率，正如我们可以简单地对函数 $x \mapsto f(x) + \varepsilon\|x\|^2$ 进行几何下降.

在 3.6.1 节中，我们描述几何下降的基本思想，并展示了如何轻易地获得一个几何方法，其 oracle 复杂性为 $O(\kappa\log(1/\varepsilon))$ (即类似于梯度下降). 然后，我们在 3.6.2 节中解释为什么预期能够加速这种方法. 几何下降法将在 3.6.3 节中进行精确描述和分析.

3.6.1　热身赛：梯度下降的几何学替代方案

我们从一些符号开始. 设 $B(x, r^2) \triangleq \{y \in \mathbb{R}^n : \|y-x\|^2 \leqslant r^2\}$ (注意，第二个参数是半径平方)，且

$$x^+ = x - \frac{1}{\beta}\nabla f(x), \qquad x^{++} = x - \frac{1}{\alpha}\nabla f(x)$$

将强凸性(3.13)的定义改写为

$$f(y) \geqslant f(x) + \nabla f(x)^{\mathrm{T}} (y-x) + \frac{\alpha}{2} \|y-x\|^2$$

$$\Leftrightarrow \frac{\alpha}{2} \left\| y-x+\frac{1}{\alpha} \nabla f(x) \right\|^2 \leqslant \frac{\|\nabla f(x)\|^2}{2\alpha} - (f(x)-f(y))$$

得到关于 f 极小值的一个包围球, 其 x 处的 0 阶和 1 阶信息:

$$x^* \in \mathrm{B}\Big(x^{++}, \ \frac{\|\nabla f(x)\|^2}{\alpha^2} - \frac{2}{\alpha}(f(x)-f(x^*))\Big)$$

此外, 由平滑度(见(3.5))想到, $f(x^+) \leqslant f(x) - \frac{1}{2\beta} \|\nabla f(x)\|^2$ 允许

将上述球收缩 $1-\frac{1}{\kappa}$ 倍, 并获得以下结果:

$$x^* \in \mathrm{B}\Big(x^{++}, \ \frac{\|\nabla f(x)\|^2}{\alpha^2}\Big(1-\frac{1}{\kappa}\Big) - \frac{2}{\alpha}(f(x^+)-f(x^*))\Big) \quad (3.16)$$

这表明了一个自然的策略: 假设有一个关于 x^* 的包围球 $A \triangleq \mathrm{B}(x, R^2)$ (由策略的前面步骤获得), 然后可以将 x^* 包围在包含球 $\mathrm{B}(x, R^2)$ 和由 (3.16)获得的球 $\mathrm{B}\Big(x^{++}, \frac{\|\nabla f(x)\|^2}{\alpha^2}\Big(1-\frac{1}{\kappa}\Big)\Big)$ 的交集的球 B 中. 如果 B 的半径是 A 半径的一部分, 则可以通过用 B 替换 A 来迭代过程, 从而得到线性收敛速度. 计算半径收缩率是一个基本计算: 对于任何 $g \in \mathbb{R}^n$, $\varepsilon \in (0, 1)$ 存在 $x \in \mathbb{R}^n$, 使得

$$\mathrm{B}(0, 1) \bigcap \mathrm{B}(g, \|g\|^2(1-\varepsilon)) \subset \mathrm{B}(x, 1-\varepsilon) \quad (\text{图 3.4})$$

因此, 我们看到在上面描述的策略中, 关于 x^* 的包围球的半径平方在每次迭代时收缩 $1-\frac{1}{\kappa}$ 因子, 从而匹配梯度下降的收敛速度(见定理 3.10).

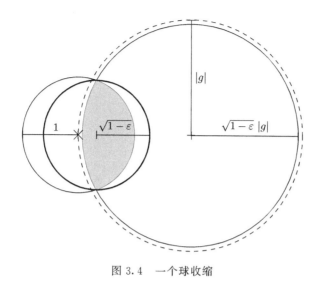

图 3.4　一个球收缩

3.6.2　加速度

在上一节的论证中，我们忽略了以下的机会：观察到球 $A = B(x, R^2)$ 是通过 (3.16) 给出的形式的前一个球的交集获得的，因此，新值 $f(x)$ 也可以用来减小前一个球的半径（一个重要的提示：值 $f(x)$ 应该小于用于构建这些前面球的值）.

这可能表明，实际上最优解包含在球 $B\left(x, R^2 - \dfrac{1}{\kappa}\|\nabla f(x)\|^2\right)$ 中. 通过与球 $B\left(x^{++}, \dfrac{\|\nabla f(x)\|^2}{\alpha^2}\left(1-\dfrac{1}{\kappa}\right)\right)$ 相交，这将允许获得半径缩小 $1-\dfrac{1}{\sqrt{\kappa}}$ $\left(\text{而不是 } 1-\dfrac{1}{\kappa}\right)$ 的新球：实际上，对于任何 $g \in \mathbb{R}^n$，$\varepsilon \in (0, 1)$，存在 $x \in \mathbb{R}^n$，使得

$$B(0, 1-\varepsilon\|g\|^2) \bigcap B(g, \|g\|^2(1-\varepsilon)) \subset B(x, 1-\sqrt{\varepsilon}) \quad (\text{图 3.5})$$

因此，只剩下处理上面的提示，我们需要使用线搜索. 反过来，这种线搜索可能会移动新球 (3.16)，为了处理这个问题，我们需要对上述集合

的包含关系进行以下强化(我们参考 Bubeck et al. [2015b]获得这一结果的简单证明).

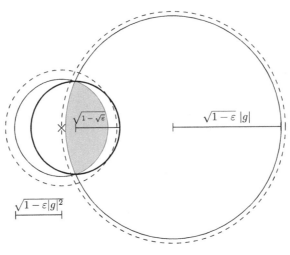

图 3.5   两个球收缩

引理 3.16   设 $a \in \mathbb{R}^n$，$\varepsilon \in (0，1)$，$g \in \mathbb{R}_+$. 设 $\|a\| \geqslant g$，则存在 $c \in \mathbb{R}^n$，使得对于任何 $\delta \geqslant 0$，有

$$B(0，1-\varepsilon g^2-\delta) \bigcap B(a，g^2(1-\varepsilon)-\delta) \subset B(c，1-\sqrt{\varepsilon}-\delta)$$

3.6.3   几何下降法

设 $x_0 \in \mathbb{R}^n$，$c_0 = x_0^{++}$，$R_0 = \left(1-\dfrac{1}{\kappa} \dfrac{\|\nabla f(x_0)\|^2}{\alpha^2}\right)$. 对于任何 $t \geqslant 0$，令

$$x_{t+1} = \underset{x \in \{(1-\lambda)c_t + \lambda x_t^+, \lambda \in \mathbb{R}\}}{\arg \min} f(x)$$

c_{t+1}(分别为 R_{t+1}^2)是引理 3.16 给出的球的中心(分别为半径的平方)，其中包括

$$B\left(c_t，R_t^2-\frac{\|\nabla f(x_{t+1})\|^2}{\alpha^2 \kappa}\right) \bigcap B\left(x_{t+1}^{++}，\frac{\|\nabla f(x_{t+1})\|^2}{\alpha^2}\left(1-\frac{1}{\kappa}\right)\right)$$

本节末尾给出了 c_{t+1} 和 R_{t+1}^2 的公式.

定理 3.17 对任意的 $t \geqslant 0$ 时, 有 $x^* \in \mathrm{B}(c_t, R_t^2)$, $R_{t+1}^2 < \left(1 - \dfrac{1}{\sqrt{\kappa}}\right) R_t^2$, 因此

$$\|x^* - c_t\|^2 \leqslant \left(1 - \frac{1}{\sqrt{\kappa}}\right)^t R_0^2$$

证明 我们将通过归纳法证明一个更强的论点, 对于任意的 $t \geqslant 0$, 有

$$x^* \in \mathrm{B}\left(c_t, R_t^2 - \frac{2}{\alpha}(f(x_t^+) - f(x^*))\right)$$

$t = 0$ 的情况紧接着是(3.16). 假设上面所表示的对于某些 $t \geqslant 0$ 是真的. 然后使用 $f(x_{t+1}^+) \leqslant f(x_{t+1}) - \dfrac{1}{2\beta}\|\nabla f(x_{t+1})\|^2 \leqslant f(x_t^+) - \dfrac{1}{2\beta}\|\nabla f(x_{t+1})\|^2$, 得到

$$x^* \in \mathrm{B}\left(c_t, R_t^2 - \frac{\|\nabla f(x_{t+1})\|^2}{\alpha^2 \kappa} - \frac{2}{\alpha}(f(x_{t+1}^+) - f(x^*))\right)$$

此外, 在(3.16)中, 也有

$$\mathrm{B}\left(x_{t+1}^{++}, \frac{\|\nabla f(x_{t+1})\|^2}{\alpha^2}\left(1 - \frac{1}{\kappa}\right) - \frac{2}{\alpha}(f(x_{t+1}^+) - f(x^*))\right)$$

因此, 只剩下观察, 由引理 3.16 所给出包围了上述两个球的交集的球的平方半径小于 $\left(1 - \dfrac{1}{\sqrt{\kappa}}\right) R_t^2 - \dfrac{2}{\alpha}(f(x_{t+1}^+) - f(x^*))$. 我们通过将 c_t 移动到原点, 然后按照 R_t 比例缩放距离后, 应用引理 3.16. 我们设 $\varepsilon = \dfrac{1}{\kappa}$, $g = \dfrac{\|\nabla f(x_{t+1})\|}{\alpha}$, $\delta = \dfrac{2}{\alpha}(f(x_{t+1}^+) - f(x^*))$ 和 $a = x_{t+1}^{++} - c_t$. 算法的行搜索步

骤表明 $\nabla f(x_{t+1})^{\mathrm{T}}(x_{t+1}-c_t)=0$，因此，$\|a\|=\|x_{t+1}^{++}-c_t\|\geqslant\|\nabla f(x_{t+1})\|/\alpha=g$ 以及引理 3.16 可以给出结果. $\qquad\square$

对于 c_{t+1} 和 R_{t+1}^2，可以使用来自引理 3.16 证明的公式. 如果 $|\nabla f(x_{t+1})|^2/\alpha^2 < R_t^2/2$，则可以计算 $c_{t+1}=x_{t+1}^{++}$ 和 $R_{t+1}^2=\dfrac{\|\nabla f(x_{t+1})\|^2}{\alpha^2}\cdot\left(1-\dfrac{1}{\kappa}\right)$. 另一方面，若 $|\nabla f(x_{t+1})|^2/\alpha^2\geqslant R_t^2/2$，则

$$c_{t+1}=c_t+\frac{R_t^2+|x_{t+1}-c_t|^2}{2|x_{t+1}^{++}-c_t|^2}(x_{t+1}^{++}-c_t)$$

$$R_{t+1}^2=R_t^2-\frac{|\nabla f(x_{t+1})|^2}{\alpha^2\kappa}-\left(\frac{R_t^2+\|x_{t+1}-c_t\|^2}{2\|x_{t+1}^{++}-c_t\|}\right)^2$$

3.7 Nesterov 加速梯度下降

本节描述了原 Nesterov 方法，该方法在光滑凸优化问题中可获得最优的 oracle 复杂性. 我们给出了强凸和非强凸情形下的具体方法. 我们引用 Su et al. [2014]关于微分方程方法的最新解释，以及 Allen-Zhu 和 Orecchia[2014]关于其与镜像下降的关系（见第 4 章）.

3.7.1 光滑强凸情况

Nesterov 加速梯度下降（如图 3.6 所示）可以描述如下：从任意初始点 $x_1=y_1$ 开始，然后对于 $t\geqslant 1$ 迭代下列方程：

$$y_{t+1}=x_t-\frac{1}{\beta}\nabla f(x_t)$$

$$x_{t+1}=\left(1+\frac{\sqrt{\kappa}-1}{\sqrt{\kappa}+1}\right)y_{t+1}-\frac{\sqrt{\kappa}-1}{\sqrt{\kappa}+1}y_t$$

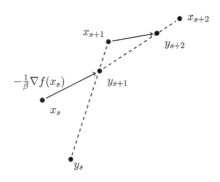

图 3.6　Nesterov 加速梯度下降示例

定理 3.18　设 f 为 α-强凸和 β-光滑的，则 Nesterov 加速梯度下降满足

$$f(y_t)-f(x^*)\leqslant\frac{\alpha+\beta}{2}\|x_1-x^*\|^2\exp\left(-\frac{t-1}{\sqrt{\kappa}}\right)$$

证明　我们通过归纳法定义了一个强凸二次函数 Φ_s，$s\geqslant 1$，如下所示：

$$\Phi_1(x)=f(x_1)+\frac{\alpha}{2}\|x-x_1\|^2$$

$$\Phi_{s+1}(x)=\left(1-\frac{1}{\sqrt{\kappa}}\right)\Phi_s(x)$$

$$+\frac{1}{\sqrt{\kappa}}(f(x_s)+\nabla f(x_s)^{\mathrm{T}}(x-x_s)+\frac{\alpha}{2}\|x-x_s\|^2)\quad(3.17)$$

直观地说，Φ_s 在以下特性意义中变得越来越接近 f（从下面开始）：

$$\Phi_{s+1}(x)\leqslant f(x)+\left(1-\frac{1}{\sqrt{\kappa}}\right)^s(\Phi_1(x)-f(x))\quad(3.18)$$

用归纳法可以立即证明上述不等式. 利用 α-强凸性，有

$$f(x_s)+\nabla f(x_s)^{\mathrm{T}}(x-x_s)+\frac{\alpha}{2}\|x-x_s\|^2\leqslant f(x)$$

方程式(3.18)本身并没有多大意义，为了使其有用，我们需要理解 f 下的"远" Φ_s. 下面的不等式回答了这个问题：

$$f(y_s) \leqslant \min_{x \in \mathbb{R}^n} \Phi_s(x) \tag{3.19}$$

其余的证明意在(3.19)是正确的，但是首先让我们看看如何结合(3.18)和(3.19)获得定理给出的速率(我们使用 β-平滑度，有 $f(x) - f(x^*) \leqslant \frac{\beta}{2} \|x - x^*\|^2)$：

$$
\begin{aligned}
f(y_t) - f(x^*) &\leqslant \Phi_t(x^*) - f(x^*) \\
&\leqslant \left(1 - \frac{1}{\sqrt{\kappa}}\right)^{t-1} (\Phi_1(x^*) - f(x^*)) \\
&\leqslant \frac{\alpha + \beta}{2} \|x_1 - x^*\|^2 \left(1 - \frac{1}{\sqrt{\kappa}}\right)^{t-1}
\end{aligned}
$$

我们现在用归纳法证明(3.19)(注意，在 $s = 1$ 时是真的，因为 $x_1 = y_1$). 设 $\Phi_s^* = \min_{x \in \mathbb{R}^n} \Phi_s(x)$. 利用 y_{s+1} (和 β-光滑度)、凸性和归纳假设的定义，可以得到

$$
\begin{aligned}
f(y_{s+1}) &\leqslant f(x_s) - \frac{1}{2\beta} \|\nabla f(x_s)\|^2 \\
&= \left(1 - \frac{1}{\sqrt{\kappa}}\right) f(y_s) + \left(1 - \frac{1}{\sqrt{\kappa}}\right) (f(x_s) - f(y_s)) \\
&\quad + \frac{1}{\sqrt{\kappa}} f(x_s) - \frac{1}{2\beta} \|\nabla f(x_s)\|^2 \\
&\leqslant \left(1 - \frac{1}{\sqrt{\kappa}}\right) \Phi_s^* + \left(1 - \frac{1}{\sqrt{\kappa}}\right) \nabla f(x_s)^{\mathrm{T}} (x_s - y_s) \\
&\quad + \frac{1}{\sqrt{\kappa}} f(x_s) - \frac{1}{2\beta} \|\nabla f(x_s)\|^2
\end{aligned}
$$

所以我们现在需要证明

$$\Phi_{s+1}^* \geqslant \left(1 - \frac{1}{\sqrt{\kappa}}\right)\Phi_s^* + \left(1 - \frac{1}{\sqrt{\kappa}}\right)\nabla f(x_s)^{\mathrm{T}}(x_s - y_s) + \frac{1}{\sqrt{\kappa}}f(x_s) - \frac{1}{2\beta}\|\nabla f(x_s)\|^2$$

$$(3.20)$$

为了证明这个不等式，我们必须更好地理解函数 Φ_s．首先注意 $\nabla^2\Phi_s(x) = \alpha I_n$（通过归纳），因此 Φ_s 必须是以下形式：

$$\Phi_s(x) = \Phi_s^* + \frac{\alpha}{2}\|x - v_s\|^2$$

对于一些 $v_s \in \mathbb{R}^n$，现在通过区分(3.17)并使用上述 Φ_s 的形式，可以得到

$$\nabla\Phi_{s+1}(x) = \alpha\left(1 - \frac{1}{\sqrt{\kappa}}\right)(x - v_s) + \frac{1}{\sqrt{\kappa}}\nabla f(x_s) + \frac{\alpha}{\sqrt{\kappa}}(x - x_s)$$

特别是 Φ_{s+1} 在定义上是在 v_{s+1} 处最小化的，现在可以使用上述恒等式通过归纳来定义，准确地说：

$$v_{s+1} = \left(1 - \frac{1}{\sqrt{\kappa}}\right)v_s + \frac{1}{\sqrt{\kappa}}x_s - \frac{1}{\alpha\sqrt{\kappa}}\nabla f(x_s) \qquad (3.21)$$

使用 Φ_s 和 Φ_{s+1} 以及原始定义(3.17)的形式，可以通过在 x_s 处计算 Φ_{s+1} 来获得以下等式：

$$\Phi_{s+1}^* + \frac{\alpha}{2}\|x_s - v_{s+1}\|^2 = \left(1 - \frac{1}{\sqrt{\kappa}}\right)\Phi_s^* + \frac{\alpha}{2}\left(1 - \frac{1}{\sqrt{\kappa}}\right)\|x_s - v_s\|^2 + \frac{1}{\sqrt{\kappa}}f(x_s)$$

$$(3.22)$$

注意，因为(3.21)，有

$$\|x_s - v_{s+1}\|^2 = \left(1 - \frac{1}{\sqrt{\kappa}}\right)^2\|x_s - v_s\|^2 + \frac{1}{\alpha^2 k}\|\nabla f(x_s)\|^2$$

$$- \frac{2}{\alpha\sqrt{\kappa}}\left(1 - \frac{1}{\sqrt{\kappa}}\right)\nabla f(x_s)^{\mathrm{T}}(v_s - x_s)$$

加上(3.22)，得出

$$\Phi_{s+1}^{*} = \left(1 - \frac{1}{\sqrt{\kappa}}\right)\Phi_s^{*} + \frac{1}{\sqrt{\kappa}}f(x_s) + \frac{\alpha}{2\sqrt{\kappa}}\left(1 - \frac{1}{\sqrt{\kappa}}\right)\|x_s - v_s\|^2$$

$$- \frac{1}{2\beta}\|\nabla f(x_s)\|^2 + \frac{1}{\sqrt{\kappa}}\left(1 - \frac{1}{\sqrt{\kappa}}\right)\nabla f(x_s)^\mathsf{T}(v_s - x_s)$$

最后，我们用归纳法证明了 $v_s - x_s = \sqrt{\kappa}(x_s - y_s)$，它总结了（3.20）的证明，从而也总结了定理的证明：

$$v_{s+1} - x_{s+1} = \left(1 - \frac{1}{\sqrt{\kappa}}\right)v_s + \frac{1}{\sqrt{\kappa}}x_s - \frac{1}{\alpha\sqrt{\kappa}}\nabla f(x_s) - x_{s+1}$$

$$= \sqrt{\kappa}x_s - (\sqrt{\kappa} - 1)y_s - \frac{\sqrt{\kappa}}{\beta}\nabla f(x_s) - x_{s+1}$$

$$= \sqrt{\kappa}y_{s+1} - (\sqrt{\kappa} - 1)y_s - x_{s+1}$$

$$= \sqrt{\kappa}(x_{s+1} - y_{s+1})$$

其中第一个等式来自（3.21），第二个等式来自归纳假设，第三个等式来自 y_{s+1} 的定义，最后一个来自 x_{s+1} 的定义.   □

3.7.2 光滑的情况

在本节中，我们将展示如何在 $\alpha = 0$ 的情况下，使用主序列 (y_t) 中元素的时变组合来适应 Nesterov 加速梯度下降. 首先，我们定义以下序列：

$$\lambda_0 = 0, \quad \lambda_t = \frac{1 + \sqrt{1 + 4\lambda_{t-1}^2}}{2}, \quad \gamma_t = \frac{1 - \lambda_t}{\lambda_{t+1}}$$

（注意 $\gamma_t \leqslant 0$.）现在算法可以简单地由下列方程定义，其中 $x_1 = y_1$ 是任意初始点：

$$y_{t+1} = x_t - \frac{1}{\beta}\nabla f(x_t)$$

$$x_{t+1} = (1 - \gamma_s)y_{t+1} + \gamma_t y_t$$

定理 3.19 设 f 为凸 β-光滑函数，则 Nesterov 加速梯度下降满足

$$f(y_t) - f(x^*) \leqslant \frac{2\beta \|x_1 - x^*\|^2}{t^2}$$

下面是 Beck 和 Teboulle[2009]的证明. 我们也可以参考 Tseng [2008]，以获得步骤更简单的证明.

证明 利用引理 3.6 的无约束形式，我们得到

$$f(y_{s+1}) - f(y_s)$$

$$\leqslant \nabla f(x_s)^{\mathrm{T}}(x_s - y_s) - \frac{1}{2\beta}\|\nabla f(x_s)\|^2 \qquad (3.23)$$

$$= \beta(x_s - y_{s+1})^{\mathrm{T}}(x_s - y_s) - \frac{\beta}{2}\|x_s - y_{s+1}\|^2$$

同理，我们也可以得到

$$f(y_{s+1}) - f(x^*) \leqslant \beta(x_s - y_{s+1})^{\mathrm{T}}(x_s - x^*) - \frac{\beta}{2}\|x_s - y_{s+1}\|^2 \qquad (3.24)$$

现在将(3.23)乘以$(\lambda_s - 1)$，并将结果代入(3.24)，由 $\delta_s = f(y_s) - f(x^*)$，得到

$$\lambda_s \delta_{s+1} - (\lambda_s - 1)\delta_s$$

$$\leqslant \beta(x_s - y_{s+1})^{\mathrm{T}}(\lambda_s x_s - (\lambda_s - 1)y_s - x^*) - \frac{\beta}{2}\lambda_s\|x_s - y_{s+1}\|^2$$

将这个不等式乘以 λ_s，并通过定义 $\lambda_{s-1}^2 = \lambda_s^2 - \lambda_s$，以及初等恒等式 $2a^{\mathrm{T}}b - \|a\|^2 = \|b\|^2 - \|b - a\|^2$，我们得到

$$\lambda_s^2 \delta_{s+1} - \lambda_{s-1}^2 \delta_s$$

$$\leqslant \frac{\beta}{2}\left(2\lambda_s(x_s - y_{s+1})^{\mathrm{T}}(\lambda_s x_s - (\lambda_s - 1)y_s - x^*) - \|\lambda_s(y_{s+1} - x_s)\|^2\right)$$

$$= \frac{\beta}{2}\left(\|\lambda_s x_s - (\lambda_s - 1)y_s - x^*\|^2 - \|\lambda_s y_{s+1} - (\lambda_s - 1)y_s - x^*\|^2\right)$$

$$\qquad\qquad (3.25)$$

根据定义，有

$$x_{s+1} = y_{s+1} + \gamma_s (y_s - y_{s+1})$$

$$\Leftrightarrow \lambda_{s+1} x_{s+1} = \lambda_{s+1} y_{s+1} + (1 - \lambda_s)(y_s - y_{s+1})$$

$$\Leftrightarrow \lambda_{s+1} x_{s+1} - (\lambda_{s+1} - 1) y_{s+1} = \lambda_s y_{s+1} - (\lambda_s - 1) y_s \qquad (3.26)$$

把(3.25)和(3.26)联立起来，由 $u_s = \lambda_s x_s - (\lambda_s - 1) y_s - x^*$，我们就得到了

$$\lambda_s^2 \delta_{s+1} - \lambda_{s-1}^2 \delta_s^2 \leqslant \frac{\beta}{2} (\|u_s\|^2 - \|u_{s+1}\|^2)$$

将这些不等式从 $s=1$ 求和到 $s=t-1$，得到：

$$\delta_t \leqslant \frac{\beta}{2\lambda_{t-1}^2} \|u_1\|^2$$

通过归纳法显然得出 $\lambda_{t-1} \geqslant \frac{t}{2}$，这得出结论.   □

第4章 非欧氏空间几乎维度无关的凸优化

在前一章中，我们证明了当目标函数 f 和约束集 $\mathcal{X}$ 在欧氏范数中表现良好时，维度无关的 oracle 复杂性是可能存在的. 例如，如果对于所有点 $x \in \mathcal{X}$ 和次梯度 $g \in \partial f(x)$，有 $\|x\|_2$ 和 $\|g\|_2$ 独立于环境维数 n. 如果不满足这一假设，那么第 3 章的梯度下降技术可能会失去其维度无关的收敛速度. 例如，考虑在欧氏球 $B_{2,n}$ 上定义的可微凸函数 f，使得 $\|\nabla f(x)\|_\infty \leqslant 1$，$\forall x \in B_{2,n}$. 这意味着 $\|\nabla f(x)\|_2 \leqslant \sqrt{n}$，因此投影梯度下降将以 $\sqrt{n/t}$ 的速率收敛到 $B_{2,n}$ 上 f 的最小值. 在这一章中，我们描述了 Nemirovski 和 Yudin[1983] 的方法，称为镜像下降法，它允许以更快的速率 $\sqrt{\log(n)/t}$ 在 l_1-球（而不是欧几里得球）上找到此类函数 f 的最小值. 这只是镜像下降潜力的一个例子. 本章旨在描述镜像下降及其一些替代方法. 本次演示的灵感来源于 Beck 和 Teboulle[2003]、[Chapter11, Cesa Bianchi 和 Lugosi[2006]]、Rakhlin[2009]、Hazan[2011]、Bubeck[2011].

为了描述方法背后的直观印象，先暂时抽象情况，忘记在有限维上进行的优化. 我们已经观察到投影梯度下降可以在任意 Hilbert 空间 $\mathcal{H}$ 中工作. 假设现在我们对一些 Banach 空间 $\mathcal{B}$ 中的更一般的优化情形感兴趣，换句话说，我们用来测量各种感兴趣量的范数并不是来自内积（例如，考虑 $\mathcal{B} = l_1$）. 在这种情况下，梯度下降策略甚至没有意义：实际上梯度（更正式地说是 Fréchet 导数）$\nabla f(x)$ 是对偶空间 $\mathcal{B}^*$ 的元素，因此不能执行计算 $x - \eta \nabla f(x)$（它根本没有意义）. 我们在 Hilbert 空间 $\mathcal{H}$ 中没有这个优化问题，因为由 Riesz 表示定理得知，$\mathcal{H}^*$ 和 $\mathcal{H}$ 是等距的. Nemirovski 和 Yudin 的见解是，通过首先将点 $x \in \mathcal{B}$ 映射到对偶空间 $\mathcal{B}^*$ 中，我们仍然可以执行梯度下降，然后在对偶空间中执行梯度更新，最后映射回结果指向原始空间 $\mathcal{B}$. 当然，原始空间中的新点可能位于约束集 $\mathcal{X} \subset \mathcal{B}$ 之外，因此我们需要一种方法将该点投影回约束集 $\mathcal{X}$ 上. 原始/对偶映射和投影都基于镜像映射的概念，镜像映射是该方案的关键因素. 镜像映射在 4.1 节中有定义，上述方案在 4.2 节中有正式描述.

在本章的其余部分，我们在 $\mathbb{R}^n$ 上确定了一个任意范数 $\|\cdot\|$，以及一个紧致凸集 $\mathcal{X} \subset \mathbb{R}^n$，对偶范数 $\|\cdot\|_*$ 被定义为 $\|g\|_* = \sup\limits_{x \in \mathbb{R}^n : \|x\| \leqslant 1} g^{\mathrm{T}} x$. 我们说凸函数 $f: \mathcal{X} \to \mathbb{R}$ 是(i)关于 $\|\cdot\|$ L-Lipschitz 的，如果 $\forall x \in \mathcal{X}$，$g \in \partial f(\mathcal{X})$，$\|g\|_* \leqslant L$，(ii)关于 $\|\cdot\|$ β-光滑的，如果 $\|\nabla f(x) - \nabla f(y)\|_* \leqslant \beta \|x - y\|$，$\forall x, y \in \mathcal{X}$，(iii)关于 $\|\cdot\|$ α-强凸的，如果

$$f(x) - f(y) \leqslant g^{\mathrm{T}}(x - y) - \frac{\alpha}{2} \|x - y\|^2, \ \forall x, y \in \mathcal{X}, \ g \in \partial f(x)$$

我们还定义了与 f 有关的 Bregman 散度：

$$D_f(x, y) = f(x) - f(y) - \nabla f(y)^{\mathrm{T}}(x - y)$$

以下等式在后面会很有用：

$$(\nabla f(x) - \nabla f(y))^{\mathrm{T}}(x - z) = D_f(x, y) + D_f(z, x) - D_f(z, y)$$

$$(4.1)$$

4.1 镜像映射

设 $\mathcal{D} \subset \mathbb{R}^n$ 是一个凸开集，使得 $\mathcal{X}$ 包含在它的闭包中，即 $\mathcal{X} \subset \overline{\mathcal{D}}$ 且 $\mathcal{X} \cap \mathcal{D} \neq \varnothing$. $\Phi: \mathcal{D} \to \mathbb{R}$ 是镜像映射，如果满足以下性质$^{\ominus}$：

(i) Φ 是严格凸可微的.

$\ominus$ 假设(ii)在某些情况下可以放宽，例如见 Audibert et al. [2014].

(ii) Φ 的梯度取所有可能的值，即 $\nabla\Phi(\mathcal{D})=\mathbb{R}^n$.

(iii) Φ 的梯度在 $\mathcal{D}$ 的边界上发散，即

$$\lim_{x\to\partial\mathcal{D}}\|\nabla\Phi(x)\|=+\infty$$

在镜像下降中，镜像映射 Φ 的梯度用于将点从"原始"映射到"对偶"（注意，所有点都位于 $\mathbb{R}^n$ 中，因此原始空间和对偶空间的概念只有直观的含义）. 精确地说，$x\in\mathcal{X}\bigcap\mathcal{D}$ 中的一个点被映射到 $\nabla\Phi(x)$，从该点开始，梯度阶跃到 $\nabla\Phi(x)-\eta\nabla f(x)$. 然后由性质(ii)，对于某些 $y\in\mathcal{D}$，可以将结果的点写成 $\nabla\Phi(y)=\nabla\Phi(x)-\eta\nabla f(x)$. 原始点 y 可能位于约束 $\mathcal{X}$ 的集合之外，在这种情况下，必须投影回到约束集 $\mathcal{X}$. 在镜像下降中，该投影是通过与 Φ 相关的 Bregman 散度来完成的. 精确地说，定义如下：

$$\Pi_{\mathcal{X}}^{\Phi}(y)=\arg\min_{x\in\mathcal{X}\bigcap\mathcal{D}}D_{\Phi}(x,y)$$

性质(i)和(iii)确保该投影的存在性和唯一性（特别是，因为 $x\to\mathcal{D}_{\Phi}(x,y)$ 在 $\mathcal{D}$ 的边界上局部增加）. 下面的引理表明 Bregman 散度在本质上表现为欧几里得范数在投影方面的平方（回忆引理 3.1）.

引理 4.1　设 $x\in\mathcal{X}\bigcap\mathcal{D}$ 和 $y\in\mathcal{D}$，则

$$(\nabla\Phi(\Pi_{\mathcal{X}}^{\Phi}(y))-\nabla\Phi(y))^{\mathrm{T}}(\Pi_{\mathcal{X}}^{\Phi}(y)-x)\leqslant 0$$

这也意味着

$$D_{\Phi}(x,\Pi_{\mathcal{X}}^{\Phi}(y))+D_{\Phi}(\Pi_{\mathcal{X}}^{\Phi}(y),y)\leqslant D_{\Phi}(x,y)$$

证明　证明是命题 1.3 与 $\nabla_{\mathcal{X}}D_{\Phi}(x,y)=\nabla\Phi(x)-\nabla\Phi(y)$ 的直接推论. □

4.2　镜像下降

现在可以描述基于镜像映射 Φ 的镜像下降策略. 设 $x_1\in\arg\min_{x\in\mathcal{X}\bigcap\mathcal{D}}\Phi(x)$.

那么对于 $t \geqslant 1$，令 $y_{t+1} \in \mathcal{D}$ 有

$$\nabla \Phi(y_{t+1}) = \nabla \Phi(x_t) - \eta g_t, \quad \text{其中 } g_t \in \partial f(x_t) \tag{4.2}$$

以及

$$x_{t+1} \in \Pi_{\mathcal{X}}^{\Phi}(y_{t+1}) \tag{4.3}$$

有关此过程的说明，请参见图 4.1.

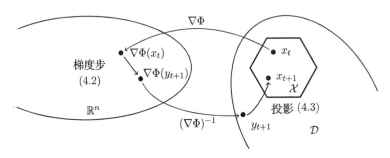

图 4.1   镜像下降示意图

定理 4.2   设 Φ 是关于 $\|\cdot\|$ 上的镜像映射在 $\mathcal{X} \bigcap \mathcal{D}$ 内 ρ-强凸的. 设 $R^2 = \sup\limits_{x \in \mathcal{X} \bigcap \mathcal{D}} \Phi(x) - \Phi(x_1)$，$f$ 相对于 $\|\cdot\|$ 是凸 L-Lipschitz 的. 镜像下降 $\eta = \dfrac{R}{L}\sqrt{\dfrac{2\rho}{t}}$ 满足

$$f\left(\frac{1}{t} \sum_{s=1}^{t} x_s\right) - f(x^*) \leqslant RL\sqrt{\frac{2}{\rho t}}$$

证明   设 $x \in \mathcal{X} \bigcap \mathcal{D}$. 通过取一个极限 $x \to x^*$ 来获得所要求的界. 现在通过 f 的凸性、镜像下降的定义、方程(4.1)和引理 4.1，得到了

$$f(x_s) - f(x)$$

$$\leqslant g_s^{\mathrm{T}}(x_s - x)$$

$$= \frac{1}{\eta}(\nabla \Phi(x_s) - \nabla \Phi(y_{s+1}))^{\mathrm{T}}(x_s - x)$$

$$= \frac{1}{\eta}(D_\Phi(x, x_s) + D_\Phi(x_s, y_{s+1}) - D_\Phi(x, y_{s+1}))$$

$$\leqslant \frac{1}{\eta}(D_\Phi(x, x_s) + D_\Phi(x_s, y_{s+1}) - D_\Phi(x, x_{s+1}) - D_\Phi(x_{s+1}, y_{s+1}))$$

当从 $s=1$ 到 $s=t$ 求和时,项 $D_\Phi(x, x_s) - D_\Phi(x, x_{s+1})$ 将得到一个可放大的和,并且它仍然使用镜像映射的 p-强凸性和 $az - bz^2 \leqslant \frac{a^2}{4b}$, $\forall z \in \mathbb{R}$ 约束另一项,如下所示:

$$D_\Phi(x_s, y_{s+1}) - D_\Phi(x_{s+1}, y_{s+1})$$

$$= \Phi(x_s) - \Phi(x_{s+1}) - \nabla\Phi(y_{s+1}))^\mathrm{T}(x_s - x_{s+1})$$

$$\leqslant (\nabla\Phi(x_s) - \nabla\Phi(y_{s+1}))^\mathrm{T}(x_s - x_{s+1}) - \frac{\rho}{2}\|x_s - x_{s+1}\|^2$$

$$= \eta g_s^\mathrm{T}(x_s - x_{s+1}) - \frac{\rho}{2}\|x_s - x_{s+1}\|^2$$

$$\leqslant \eta L\|x_s - x_{s+1}\| - \frac{\rho}{2}\|x_s - x_{s+1}\|^2$$

$$\leqslant \frac{(\eta L)^2}{2\rho}$$

我们证明了

$$\sum_{s=1}^t (f(x_s) - f(x)) \leqslant \frac{D_\Phi(x, x_1)}{\eta} + \eta \frac{L^2 t}{2\rho}$$

通过烦琐的计算可得结论. □

我们观察到,可以重写镜像下降的表达方式:

$$
\begin{aligned}
x_{t+1} &= \arg\min_{x \in \mathcal{X} \cap \mathcal{D}} D_\Phi(x, y_{t+1}) \\
&= \arg\min_{x \in \mathcal{X} \cap \mathcal{D}} \Phi(x) - \nabla\Phi(y_{t+1})^\mathrm{T} x \\
&= \arg\min_{x \in \mathcal{X} \cap \mathcal{D}} \Phi(x) - (\nabla\Phi(x_t) - \eta g_t)^\mathrm{T} x
\end{aligned}
\tag{4.4}
$$

$$= \arg \min_{x \in \mathcal{X} \cap \mathcal{D}} \eta g_t^{\mathrm{T}} x + D_\Phi(x, x_t) \tag{4.5}$$

最后一个表达式通常被视为镜像下降的定义(见 Beck 和 Teboulle[2003]). 它给出了一个关于镜像下降的近端观点:该方法试图最小化函数的局部线性化,同时又不能离前一点距离太远,其中的距离是通过镜像映射的 Bregman 散度测量得到的.

4.3 镜像下降的标准设置

"球设置". 镜像下降的最简单形式是在 $\mathcal{D} = \mathbb{R}^n$ 上取 $\Phi(x) = \frac{1}{2} \|x\|_2^2$, 函数 Φ 是相对于 $\|\cdot\|_2$ 的强凸镜像映射,并且相关的 Bregman 散度由 $D_\Phi(x, y) = \frac{1}{2} \|x - y\|_2^2$ 给出. 因此,在这种情况下,镜像下降与投影次梯度下降完全等价,定理 4.2 中得到的收敛速度重新获得了我们先前关于投影次梯度下降的结果.

"单纯形设置". 镜像映射的一个更有趣的选择是由负熵给出的:

$$\Phi(x) = \sum_{i=1}^n x(i) \log x(i)$$

在 $\mathcal{D} = \mathbb{R}_{++}^n$ 上. 在这种情况下,梯度更新 $\nabla \Phi(y_{t+1}) = \nabla \Phi(x_t) - \eta \nabla f(x_t)$ 可以等价地写为

$$y_{t+1}(i) = x_t(i) \exp(-\eta [\nabla f(x_t)](i)), \quad i = 1, \cdots, n$$

这个镜像映射的 Bregman 散度由 $D_\Phi(x, y) = \sum_{i=1}^n x(i) \log \frac{x(i)}{y(i)}$ 给出(也称为 Kullback-Leibler 散度). 很容易证明关于单纯形 $\Delta_n = \left\{ x \in \mathbb{R}_+^n : \sum_{i=1}^n x(i) = 1 \right\}$ 上 Bregman 散度的投影等同于一个简单的重整化 $y \mapsto y / \|y\|_1$,而且也很

容易证明 Φ 相对于 Δ_n 上的 $\|\cdot\|_1$ 是 1-强凸的（这个结果称为 Pinsker 不等式）. 还要注意，对于 $\mathcal{X}=\Delta_n$，有 $x_1=(1/n，\cdots，1/n)$ 和 $R^2=\log n$.

上述结果表明，当单纯形 Δ_n 上的次梯度函数 f 以 l_∞-范数为界时，负熵的镜像下降达到了阶 $\sqrt{\dfrac{\log n}{t}}$ 的收敛速度. 另一方面，在这种情况下，正则次梯度下降仅达到阶数 $\sqrt{\dfrac{n}{t}}$ 的速率！

"谱面体设置". 我们考虑定义在矩阵上的函数，我们对最小化谱面体 $\mathcal{S}_n$ 上的函数 f 感兴趣，$\mathcal{S}_n$ 定义为：

$$\mathcal{S}_n=\{X\in\mathbb{S}^n_+：\operatorname{Tr}(X)=1\}$$

在这个设置中，我们考虑由负 von Neumann 熵给出的 $\mathcal{D}=\mathbb{S}^n_{++}$ 上的镜像映射：

$$\Phi(X)=\sum_{i=1}^n \lambda_i(X)\log\lambda_i(X)$$

其中 $\lambda_1(X)，\cdots，\lambda_n(X)$ 是 X 的特征值. 可以证明梯度更新 $\nabla\Phi(Y_{t+1})=\nabla\Phi(X_t)-\eta\,\nabla f(X_t)$ 可以等价地写成

$$Y_{t+1}=\exp(\log X_t-\eta\,\nabla f(X_t))$$

其中矩阵指数和矩阵对数的定义与往常一样. 此外，$\mathcal{S}_n$ 上的投影是一个简单的迹重整化.

通过高度非平凡的计算，可以证明关于 Schatten 1-范数，Φ 是 $\dfrac{1}{2}$-强凸的，Schatten 1-范数定义为

$$\|X\|_1=\sum_{i=1}^n \lambda_i(X)$$

很容易看出，对于 $\mathcal{X}=\mathcal{S}_n$，有 $x_1=\dfrac{1}{n}I_n$ 和 $R^2=\log n$. 换句话说，在谱面

体上优化的收敛速度与在单纯形上相同！

4.4 惰性镜像下降

在这一节中，我们考虑一个更有效的镜像下降版本，我们可以证明定理 4.2 仍然成立. 这种替代算法在某些情况下（如分布式设置）可能是有好处的，但基本镜像下降方案对于本节后面考虑的扩展（鞍点、随机 oracle 等）仍然很重要.

惰性镜像下降，通常也称为 Nesterov 对偶平均或简单对偶平均，可以用以下公式代替(4.2):

$$\nabla\Phi(y_{t+1})=\nabla\Phi(y_t)-\eta g_t$$

也就是说，y_1 是 $\nabla\Phi(y_1)=0$. 换言之，对偶平均不是在原始点和对偶点之间来回求平均值，而是简单地求对偶中的梯度平均值，如果要求原始集中的一个点，则它只是使用与镜像下降相同的方法将当前对偶点映射到原始点. 特别是使用(4.4)时，可以立即观察到对偶平均被定义为:

$$x_t=\arg\min_{x\in\mathcal{X}\cap\mathcal{D}}\eta\sum_{s=1}^{t-1}g_s^{\mathrm{T}}x+\Phi(x) \tag{4.6}$$

定理 4.3   设 Φ 在 $\mathcal{X}\cap\mathcal{D}$ 上是关于 $\|\cdot\|$ 的镜像映射 ρ-强凸. 设 $R^2=\sup\limits_{x\in\mathcal{X}\cap\mathcal{D}}\Phi(x)-\Phi(x_1)$，$f$ 相对于 $\|\cdot\|$ 是凸 L-Lipschitz 的. 则 $\eta=\dfrac{R}{L}\sqrt{\dfrac{\rho}{2t}}$ 的对偶平均满足

$$f\left(\frac{1}{t}\sum_{s=1}^{t}x_s\right)-f(x^*)\leqslant 2RL\sqrt{\frac{2}{\rho t}}$$

证明   我们定义了 $\psi_t(x)=\eta\sum\limits_{s=1}^{t}g_s^{\mathrm{T}}x+\Phi(x)$，这样 $x_t\in\arg\min\limits_{x\in\mathcal{X}\cap\mathcal{D}}\psi_{t-1}(x)$. 由于 Φ 是 ρ-强凸的，显然 ψ_t 是 ρ-强凸的，因此

$$\psi_t(x_{t+1}) - \psi_t(x_t) \leqslant \nabla \psi_t(x_{t+1})^{\mathrm{T}}(x_{t+1}-x_t) - \frac{\rho}{2}\|x_{t+1}-x_t\|^2$$

$$\leqslant -\frac{\rho}{2}\|x_{t+1}-x_t\|^2$$

其中第二个不等式来自 x_{t+1} 的一阶最优性条件(见命题 1.3). 接下来观察到

$$\psi_t(x_{t+1}) - \psi_t(x_t) = \psi_{t-1}(x_{t+1}) - \psi_{t-1}(x_t) + \eta g_t^{\mathrm{T}}(x_{t+1}-x_t)$$

$$\geqslant \eta g_t^{\mathrm{T}}(x_{t+1}-x_t)$$

将上述两个过程组合在一起,并使用 Cauchy-Schwarz(假设 $\|g_t\|_* \leqslant L$),可以得到

$$\frac{\rho}{2}\|x_{t+1}-x_t\|^2 \leqslant \eta g_t^{\mathrm{T}}(x_t-x_{t+1}) \leqslant \eta L \|x_t-x_{t+1}\|$$

特别地,这表明 $\|x_{t+1}-x_t\| \leqslant \dfrac{2\eta L}{\rho}$,因此由上可得

$$g_t^{\mathrm{T}}(x_t-x_{t+1}) \leqslant \frac{2\eta L^2}{\rho} \tag{4.7}$$

现在我们声明,对于任何 $x \in \mathcal{X} \cap \mathcal{D}$,

$$\sum_{s=1}^{t} g_s^{\mathrm{T}}(x_s-x) \leqslant \sum_{s=1}^{t} g_s^{\mathrm{T}}(x_s-x_{s+1}) + \frac{\Phi(x)-\Phi(x_1)}{\eta} \tag{4.8}$$

由于(4.7)和直接简单的计算过程,这可以清晰地完成证明. 式(4.8)相当于

$$\sum_{s=1}^{t} g_s^{\mathrm{T}} x_{s+1} + \frac{\Phi(x_1)}{\eta} \leqslant \sum_{s=1}^{t} g_s^{\mathrm{T}} x + \frac{\Phi(x)}{\eta}$$

我们现在用归纳法证明后一个方程. 因为 $x_1 \in \underset{x \in \mathcal{X} \cap \mathcal{D}}{\arg\min} \Phi(x)$,所以当 $t = 0$ 时为真. 下面的不等式证明了归纳步骤,其中第一个不等式使用 $x = x_{t+1}$ 的归纳假设,第二个不等式使用 x_{t+1} 的定义:

$$\sum_{s=1}^{t} g_s^{\mathrm{T}} x_{s+1} + \frac{\Phi(x_1)}{\eta} \leqslant g_t^{\mathrm{T}} x_{t+1} + \sum_{s=1}^{t-1} g_s^{\mathrm{T}} x_{t+1} + \frac{\Phi(x_{t+1})}{\eta} \leqslant \sum_{s=1}^{t} g_s^{\mathrm{T}} x + \frac{\Phi(x)}{\eta} \qquad \square$$

4.5　镜像代理

可以证明，光滑函数的镜像下降可以加速到 $1/t$．我们将在第 6 章证明这个结果(见定理 6.3)．我们在这里描述了镜像下降的一种变体，它也达到了光滑函数的速率 $1/t$．这种方法被称为镜像代理，它是在 Nemirovski [2004a] 中被引入的．当我们处理非光滑函数和随机 oracle 的光滑表示时[⊖]，镜像代理将在后面的内容中展现真正的威力．

镜像代理由以下方程所描述：

$$\nabla\Phi(y_{t+1}') = \nabla\Phi(x_t) - \eta\,\nabla f(x_t)$$

$$y_{t+1} \in \arg\min_{x \in \mathcal{X} \cap \mathcal{D}} D_\Phi(x,\ y_{t+1}')$$

$$\nabla\Phi(x_{t+1}') = \nabla\Phi(x_t) - \eta\,\nabla f(y_{t+1})$$

$$x_{t+1} \in \arg\min_{x \in \mathcal{X} \cap \mathcal{D}} D_\Phi(x,\ x_{t+1}')$$

换言之，该算法首先从 x_t 到 y_{t+1} 进行镜像下降，然后再次从 x_t 开始进行类似的步骤，以获得 x_{t+1}，但这次是使用在 y_t (而不是 x_t)处所计算得出的梯度 f，见图 4.2．以下结果证明了该过程的合理性．

定理 4.4　设 Φ 是关于 $\|\cdot\|$ 在 $\mathcal{X} \cap \mathcal{D}$ 上 ρ-强凸的镜像映射．设 $R^2 = \sup\limits_{x \in \mathcal{X} \cap \mathcal{D}} \Phi(x) - \Phi(x_1)$，$f$ 关于 $\|\cdot\|$ 是凸和 β-光滑的．则 $\eta = \dfrac{\rho}{\beta}$ 的镜像代理满足

$$f\left(\frac{1}{t}\sum_{s=1}^{t} y_{s+1}\right) - f(x^*) \leqslant \frac{\beta R^2}{\rho t}$$

证明　令 $x \in \mathcal{X} \cap \mathcal{D}$．可以得到

⊖　基本上，镜像代理允许平滑的向量场视角(见 4.6 节)，而镜像下降则不允许．

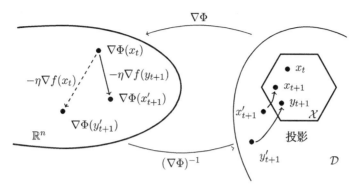

图 4.2 镜像代理的图解

$$f(y_{t+1}) - f(x) \leqslant \nabla f(y_{t+1})^{\mathrm{T}}(y_{t+1} - x)$$

$$= \nabla f(y_{t+1})^{\mathrm{T}}(x_{t+1} - x) + \nabla f(x_t)^{\mathrm{T}}(y_{t+1} - x_{t+1})$$

$$+ (\nabla f(y_{t+1}) - \nabla f(x_t))^{\mathrm{T}}(y_{t+1} - x_{t+1})$$

我们现在将上面的结果分为三项. 对于第一项, 使用方法的定义、引理 4.1 和方程(4.1), 可以得到

$$\eta \, \nabla f(y_{t+1})^{\mathrm{T}}(x_{t+1} - x)$$

$$= (\nabla \Phi(x_t) - \nabla \Phi(x'_{t+1}))^{\mathrm{T}}(x_{t+1} - x)$$

$$\leqslant (\nabla \Phi(x_t) - \nabla \Phi(x_{t+1}))^{\mathrm{T}}(x_{t+1} - x)$$

$$= D_\Phi(x, \, x_t) - D_\Phi(x, \, x_{t+1}) - D_\Phi(x_{t+1}, \, x_t)$$

对于第二项, 使用与上面相同的性质以及镜像映射的强凸性, 有

$$\eta \, \nabla f(x_t)^{\mathrm{T}}(y_{t+1} - x_{t+1})$$

$$= (\nabla \Phi(x_t) - \nabla \Phi(y'_{t+1}))^{\mathrm{T}}(y_{t+1} - x_{t+1})$$

$$\leqslant (\nabla \Phi(x_t) - \nabla \Phi(y_{t+1}))^{\mathrm{T}}(y_{t+1} - x_{t+1})$$

$$= D_\Phi(x_{t+1}, \, x_t) - D_\Phi(x_{t+1}, \, y_{t+1}) - D_\Phi(y_{t+1}, \, x_t) \tag{4.9}$$

$$\leqslant D_\Phi(x_{t+1}, \, x_t) - \frac{\rho}{2}\|x_{t+1} - y_{t+1}\|^2 - \frac{\rho}{2}\|y_{t+1} - x_t\|^2$$

最后，利用 Cauchy-Schwarz、β-光滑性和 $2ab \leqslant a^2 + b^2$，得到

$$(\nabla f(y_{t+1}) - \nabla f(x_t))^T (y_{t+1} - x_{t+1})$$

$$\leqslant \|\nabla f(y_{t+1}) - \nabla f(x_t)\|_* \cdot \|y_{t+1} - x_{t+1}\|$$

$$\leqslant \beta \|y_{t+1} - x_t\| \cdot \|y_{t+1} - x_{t+1}\|$$

$$\leqslant \frac{\beta}{2} \|y_{t+1} - x_t\|^2 + \frac{\beta}{2} \|y_{t+1} - x_{t+1}\|^2$$

因此，总结这三个项，并使用 $\eta = \dfrac{\rho}{\beta}$，就可以得到

$$f(y_{t+1}) - f(x) \leqslant \frac{D_\Phi(x, x_t) - D_\Phi(x, x_{t+1})}{\eta}$$

通过简单计算即可得出结论.   □

4.6   关于 MD、DA 和 MP 的向量场观点

在本节，我们考虑满足定理 4.2 假设的镜像映射 Φ.

通过验证定理 4.2 的证明，可以发现对于任意向量 $g_1, \cdots, g_t \in \mathbb{R}^n$，由 (4.2) 或 (4.3)（或者由 (4.5)）描述的镜像下降方法满足对于任意 $x < \mathcal{X} \cap \mathcal{D}$，

$$\sum_{s=1}^{t} g_s^T (x_s - x) \leqslant \frac{R^2}{\eta} + \frac{\eta}{2\rho} \sum_{s=1}^{t} \|g_s\|_*^2 \tag{4.10}$$

向量序列 (g_s) 不必来自固定函数 f 的子梯度，这一观察是在线学习理论的起点，更多细节见 Bubeck[2011]. 在本书中，我们将使用这一观察结果来把镜像下降概括到鞍点计算以及随机设置. 我们注意到，也可以使用满足以下条件的对偶平均（由 (4.6) 定义）：

$$\sum_{s=1}^{t} g_s^T (x_s - x) \leqslant \frac{R^2}{\eta} + \frac{2\eta}{\rho} \sum_{s=1}^{t} \|g_s\|_*^2$$

为了推广镜像代理，我们简单地用任意向量场 $g: \mathcal{X} \to \mathbb{R}^n$ 替换梯度 ∇f，得到以下方程：

$$\nabla \Phi(y'_{t+1}) = \nabla \Phi(x_t) - \eta g(x_t)$$

$$y_{t+1} \in \arg\min_{x \in \mathcal{X} \cap \mathcal{D}} D_\Phi(x, y'_{t+1})$$

$$\nabla \Phi(x'_{t+1}) = \nabla \Phi(x_t) - \eta g(y_{t+1})$$

$$x_{t+1} \in \arg\min_{x \in \mathcal{X} \cap \mathcal{D}} D_\Phi(x, x'_{t+1})$$

假设向量场是关于 $\|\cdot\|$ β-Lipschitz 的，也就是说，$\|g(x) - g(y)\|_* \leqslant \beta\|x - y\|$，用 $\eta = \dfrac{\rho}{\beta}$ 可以得到

$$\sum_{s=1}^{t} g(y_{s+1})^{\mathrm{T}}(y_{s+1} - x) \leqslant \frac{\beta R^2}{\rho} \qquad (4.11)$$

第5章 超越黑箱模型

在黑箱模型中，非光滑性显著地降低了一阶方法从 $1/t^2$ 到 $1/\sqrt{t}$ 的收敛速度．然而，正如我们在 1.5 节中已经指出的，我们(几乎)总是知道需要全局优化的函数．特别是非光滑性的"来源"常常可以被识别出来．例如 LASSO 目标(见 1.1 节)是非光滑的，但它是光滑部分(最小二乘拟合)和简单非光滑部分(l_1-范数)的总和．使用这种特殊结构，我们将在 5.1 节中提出一种一阶方法，尽管存在非光滑性，但收敛速度为 $1/t^2$．在 5.2 节中，我们考虑了另外一种可以被有效克服的非光滑性，其中函数是光滑函数的最大值．最后，我们在这一章对内点法进行了简要的描述，对内点法的结构假设是基于约束集而不是目标函数．

5.1 光滑项与简单非光滑项之和

我们在这里考虑以下问题⊖：

$$\min_{x \in \mathbb{R}^n} f(x) + g(x)$$

其中 f 为凸和 β-光滑的，并且 g 为凸的．我们假设 f 可以通过一阶 oracle 访问得到，g 是已知并且"简单"的．从算法的描述中，我们所说的简单性可以看得很清楚．例如，一个分离函数，即 $g(x) = \sum\limits_{i=1}^{n} g_i(x(i))$，这将被认为是简单的．最基本的例子是 $g(x) = \|x\|_1$．本节的灵感来源于

⊖ 为了简单起见，我们限制为无约束极小化．可以使用 3.2 节中的思想将讨论扩展到约束极小化．

Beck 和 Teboulle[2009]（另见 Nesterov[2007]、Wright et al. ［2009］）.

ISTA(迭代收缩阈值算法)

回想一下，光滑函数 f 上的梯度下降可以写成（见(4.5)）

$$x_{t+1} = \arg\min_{x \in \mathbb{R}^n} \eta \, \nabla f(x_t)^{\mathrm{T}} x + \frac{1}{2} \|x - x_t\|_2^2$$

这里我们要最小化 $f + g$，假设 g 是已知并且"简单"的. 因此，考虑以下更新规则似乎很自然，其中只有 f 与一阶 oracle 局部近似：

$$x_{t+1} = \arg\min_{x \in \mathbb{R}^n} \eta(g(x) + \nabla f(x_t)^{\mathrm{T}} x) + \frac{1}{2} \|x - x_t\|_2^2$$

$$= \arg\min_{x \in \mathbb{R}^n} g(x) + \frac{1}{2\eta} \|x - (x_t - \eta \, \nabla f(x_t))\|_2^2 \qquad (5.1)$$

上述迭代所描述的算法称为 ISTA(迭代收缩阈值算法). 在收敛速度方面，很容易证明 ISTA 在 $f + g$ 上的收敛速度和在 f 上的梯度下降的收敛速度是相同的. 更准确地说，当 $\eta = \dfrac{1}{\beta}$ 时，有

$$f(x_t) + g(x_t) - (f(x^*) + g(x^*)) \leqslant \frac{\beta \|x_1 - x^*\|_2^2}{2t}$$

直接在 $f + g$ 上求取次梯度下降，这种改进后的收敛速度是有代价的：通常(5.1)本身可能是一个困难的优化问题，这就是我们需要假设 g 简单的原因. 例如，如果 g 可以写成 $g(x) = \sum\limits_{i=1}^{n} g_i(x(i))$，则可以通过求解维数 1 中的 n 个凸问题来计算 x_{t+1}. 在 $g(x) = \lambda \|x\|_1$ 的情况下，这个一维问题由下式给出：

$$\min_{x \in \mathbb{R}} \lambda |x| + \frac{1}{2\eta} (x - x_0)^2, \text{ 其中 } x_0 \in \mathbb{R}$$

初步计算表明，该问题有一个由 $\tau_{\lambda\eta}(x_0)$ 给出的解析解，其中 τ 是收缩算

子(因此称为 ISTA)，由下式定义：

$$\tau_a(x) = (|x| - \alpha) + \mathrm{sign}(x)$$

关于(5.1)(被称为 g 的近端算子)我们知道更多，事实上，很多作者都研究过这个方程，例如见 Parikh 和 Boyd[2013]，Bach et al. [2012].

FISTA(快速 ISTA)

一个明显的想法是将 Nesterov 加速梯度下降(结果是以 $1/t^2$ 的速率优化 f)与 ISTA 相结合. 这就产生了 FISTA，其描述如下：令

$$\lambda_0 = 0, \quad \lambda_t = \frac{1 + \sqrt{1 + 4\lambda_{t-1}^2}}{2}, \quad \gamma_t = \frac{1 - \lambda_t}{\lambda_{t+1}}$$

设 $x_1 = y_1$ 为任意初始点，且

$$y_{t+1} = \arg\min_{x \in \mathbb{R}^n} g(x) + \frac{\beta}{2} \left\| x - \left(x_t - \frac{1}{\beta} \nabla f(x_t) \right) \right\|_2^2$$

$$x_{t+1} = (1 - \gamma_t) y_{t+1} + \gamma_t y_t$$

同样，很容易证明 $f + g$ 上 FISTA 的收敛速度类似于 f 上 Nesterov 加速梯度下降的速度，更准确地说：

$$f(y_t) + g(y_t) - (f(x^*) + g(x^*)) \leqslant \frac{2\beta \|x_1 - x^*\|^2}{t^2}$$

CMD 和 RDA

ISTA 和 FISTA 假设了欧氏度量中的光滑性. 很自然，人们也可以在非欧几里得环境中使用这些思想. 从(4.5)开始，得到 Duchi et al. [2010]的 CMD(复合镜像下降)算法，由(4.6)得到了 Xiao[2010]的 RDA (正则化对偶平均). 我们可参考这些文献来了解更多细节.

5.2 非光滑函数的光滑鞍点表示

函数 f 的非光滑性通常来自 max 运算. 更精确地说，非光滑函数通

常可以表示为

$$f(x) = \max_{1 \leqslant i \leqslant m} f_i(x) \tag{5.2}$$

其中函数 f_i 是平滑的. 这就是我们用来证明定理 3.13 中非光滑优化的黑箱下界是 $1/\sqrt{t}$ 的函数的例子. 现在我们将看到, 通过使用这种结构表示, 实际上可以达到 $1/t$ 的速率. 这是 Nesterov[2004b]首次观察到的, 他提出了 Nesterov 平滑技术. 在这里, 我们将介绍 Nemirovski[2004a]的替代方法, 我们发现它更加透明(另一个版本是 Chambolle-Pock 算法, 见 Chambolle 和 Pock[2011]). 本节中描述的大部分内容可以在 Juditsky 和 Nemirovski[2011a, b]的著作中找到.

在下一小节中, 我们将介绍更为一般的鞍点计算问题. 然后, 我们对这个问题应用一个改进的镜像下降版本, 这将在第 6 章中非常有用, 也可以为我们接下来介绍更强大的改进版镜像代理做准备.

5.2.1 鞍点计算

设 $\mathcal{X} \subset \mathbb{R}^n$, $\mathcal{Y} \subset \mathbb{R}^m$ 为紧致凸集. 设 $\varphi : \mathcal{X} \times \mathcal{Y} \to \mathbb{R}$ 是连续函数, 使得 $\varphi(\cdot, y)$ 是凸的, $\varphi(x, \cdot)$ 是凹的. 我们用 $g_x(x, y)$ 和 $g_y(x, y)$ 分别表示 $\partial_x \varphi(x, y)$ 和 $\partial_y(-\varphi(x, y))$ 的元素. 我们对计算以下公式感兴趣:

$$\min_{x \in \mathcal{X}} \max_{y \in \mathcal{Y}} \varphi(x, y)$$

根据 Sion 极小极大定理, 存在一对 $(x^*, y^*) \in \mathcal{X} \times \mathcal{Y}$, 使得

$$\varphi(x^*, y^*) = \min_{x \in \mathcal{X}} \max_{y \in \mathcal{Y}} \varphi(x, y) = \max_{y \in \mathcal{Y}} \min_{x \in \mathcal{X}} \varphi(x, y)$$

我们将探索产生备选解对 $(\tilde{x}, \tilde{y}) \in \mathcal{X} \times \mathcal{Y}$ 的算法. 通过所谓的对偶间隙[⊖]

$$\max_{y \in \mathcal{Y}} \varphi(\tilde{x}, y) - \min_{x \in \mathcal{X}} \varphi(x, \tilde{y})$$

⊖ 观察到, 对偶间隙是原始间隙 $\max\limits_{y \in \mathcal{Y}} \varphi(\tilde{x}, y) - \varphi(x^*, y^*)$ 和对偶间隙 $\varphi(x^*, y^*) - \min\limits_{x \in \mathcal{X}} \varphi(x, \tilde{y})$ 的和.

评估$(\tilde{x}, \tilde{y})$的质量. 关键观察是，在一个简单的凸优化问题中，对偶间隙可以类似于次优间隙$f(x)-f(x^*)$的控制. 对于任何$(x, y) \in \mathcal{X} \times \mathcal{Y}$，

$$\varphi(\tilde{x}, \tilde{y}) - \varphi(x, \tilde{y}) \leqslant g_x(\tilde{x}, \tilde{y})^{\mathrm{T}}(\tilde{x}-x)$$

和

$$-\varphi(\tilde{x}, \tilde{y}) - (-\varphi(\tilde{x}, y)) \leqslant g_y(\tilde{x}, \tilde{y})^{\mathrm{T}}(\tilde{y}-y)$$

特别是，使用符号$z=(x, y) \in \mathcal{Z} \triangleq \mathcal{X} \times \mathcal{Y}$和$g(z)=(g_x(x, y), g_y(x, y))$我们正好证明了

$$\max_{y \in \mathcal{Y}} \varphi(\tilde{x}, y) - \min_{x \in \mathcal{X}} \varphi(x, \tilde{y}) \leqslant g(\tilde{z})^{\mathrm{T}}(\tilde{z}-z) \tag{5.3}$$

对于某些$z \in \mathcal{Z}$. 鉴于 4.6 节中所提出的向量场观点，这表明在$\mathcal{Z}$-空间中使用向量场$g: \mathcal{Z} \to \mathbb{R}^n \times \mathbb{R}^m$进行镜像下降.

我们将在下一小节中假设$\mathcal{X}$配备了镜像映射Φ_x(在$\mathcal{D}_x$上定义)，它相对于$\mathcal{X} \cap \mathcal{D}_x$上的范数$\| \cdot \|_x$是 1-强凸的. 我们表示$R_x^2 = \sup_{x \in \mathcal{X}} \Phi(x) - \min_{x \in \mathcal{X}} \Phi(x)$. 我们为$\mathcal{Y}$空间定义了类似的量.

5.2.2 鞍点镜像下降

这里我们考虑空间$\mathcal{Z} = \mathcal{X} \times \mathcal{Y}$上的镜像下降，镜像映射$\Phi(z) = a\Phi_x(x) + \Phi_y(y)$(在$\mathcal{D} = \mathcal{D}_x \times \mathcal{D}_y$上定义)，其中$a, b \in \mathbb{R}_+$稍后定义，向量场$g: \mathcal{Z} \to \mathbb{R}^n \times \mathbb{R}^m$在前一小节中已经定义. 我们将得到的算法称为 SP-MD(鞍点镜像下降)，它可以简单地描述如下.

设$z_1 \in \arg\min_{z \in \mathcal{Z} \cap \mathcal{D}} \Phi(z)$. 那么对于$t \geqslant 1$，令

$$z_{t+1} \in \arg\min_{z \in \mathcal{Z} \cap \mathcal{D}} \eta g_t^{\mathrm{T}} z + D_\Phi(z, z_t)$$

式中，$g_t = (g_{x,t}, g_{y,t})$，其中$g_{x,t} \in \partial_x \varphi(x_t, y_t)$，$g_{y,t} \in \partial_y(-\varphi(x_t, y_t))$.

定理 5.1　假设 $\varphi(\cdot, y)$ 是关于 $\|\cdot\|_x$，即 $\|g_x(x, y)\|_x^* \leqslant L_x$，$\forall (x, y) \in \mathcal{X} \times \mathcal{Y}$ L_x-Lipschitz 的. 同样假设 $\varphi(x, \cdot)$ 是关于 $\|\cdot\|_y L_y$-Lipschitz 的. 则 $a = \dfrac{L_x}{R_x}$，$b = \dfrac{L_y}{R_y}$，$\eta = \sqrt{\dfrac{2}{t}}$ 的 SP-MD 满足

$$\max_{y \in \mathcal{Y}} \varphi\left(\frac{1}{t}\sum_{s=1}^{t} x_s, y\right) - \min_{x \in \mathcal{X}} \varphi\left(x, \frac{1}{t}\sum_{s=1}^{t} y_s\right) \leqslant (R_x L_x + R_y L_y)\sqrt{\frac{2}{t}}$$

证明　首先，我们赋予 $\mathcal{Z}$ 一个范数 $\|\cdot\|_z$，它的定义如下：

$$\|z\|_z = \sqrt{a\|x\|_x^2 + b\|y\|_y^2}$$

当前，Φ 在 $\mathcal{Z} \cap \mathcal{D}$ 上相对于 $\|\cdot\|_z$ 是 1-强凸的. 此外，容易检查

$$\|z\|_z^* = \sqrt{\frac{1}{a}(\|x\|_x^*)^2 + \frac{1}{b}(\|y\|_y^*)^2}$$

因此，SP-MD 中使用的向量场 (g_t) 满足

$$\|g_t\|_z^* \leqslant \sqrt{\frac{L_x^2}{a} + \frac{L_y^2}{b}}$$

将 (4.10)，(5.3) 以及 a, b, η 的值结合起来，得出了结论. $\square$

5.2.3　鞍点镜像代理

我们现在考虑本章上下文中最有趣的情况，其中函数 φ 是光滑的. 准确地说，对于任何 $x, x' \in \mathcal{X}$，$y, y' \in \mathcal{Y}$，φ 都是 $(\beta_{11}, \beta_{12}, \beta_{22}, \beta_{21})$-光滑的，

$$\|\nabla_x \varphi(x, y) - \nabla_x \varphi(x', y)\|_x^* \leqslant \beta_{11}\|x - x'\|_x$$
$$\|\nabla_x \varphi(x, y) - \nabla_x \varphi(x, y')\|_x^* \leqslant \beta_{12}\|y - y'\|_y$$
$$\|\nabla_y \varphi(x, y) - \nabla_y \varphi(x, y')\|_y^* \leqslant \beta_{22}\|y - y'\|_y$$
$$\|\nabla_y \varphi(x, y) - \nabla_y \varphi(x', y)\|_y^* \leqslant \beta_{21}\|x - x'\|_x$$

这将意味着向量场 $g: \mathcal{Z} \to \mathbb{R}^n \times \mathbb{R}^m$ 是在适当范数下的 Lipschitz. 因此，

我们在镜像映射 $\Phi(z)=a\Phi_x(x)+b\Phi_y(y)$ 和向量场 g 的空间 $\mathcal{Z}$ 上使用镜像代理. 结果所得到的算法称为 SP-MP(鞍点镜像代理), 我们可以简洁地描述如下.

设 $z_1 \in \arg\min_{z\in\mathcal{Z}\cap\mathcal{D}} \Phi(z)$. 那么对于 $t\geqslant 1$, 令 $z_t=(x_t,\ y_t)$ 和 $w_t=(u_t,\ v_t)$ 定义为

$$w_{t+1}=\arg\min_{z\in\mathcal{Z}\cap\mathcal{D}} \eta(\nabla_x\varphi(x_t,\ y_t),\ -\nabla_y\varphi(x_t,\ y_t))^{\mathrm{T}}z+D_\Phi(z,\ z_t)$$
$$z_{t+1}=\arg\min_{z\in\mathcal{Z}\cap\mathcal{D}} \eta(\nabla_x\varphi(u_{t+1},\ v_{t+1}),\ -\nabla_y\varphi(u_{t+1},\ v_{t+1}))^{\mathrm{T}}z+D_\Phi(z,\ z_t)$$

定理 5.2 假设 φ 是 $(\beta_{11},\ \beta_{12},\ \beta_{22},\ \beta_{21})$-光滑的. 则 $a=\dfrac{1}{R_x^2}$, $b=\dfrac{1}{R_y^2}$, $\eta=1/(2\max(\beta_{11}R_x^2,\ \beta_{22}R_y^2,\ \beta_{12}R_xR_y,\ \beta_{21}R_xR_y))$ 的 SP-MP 满足

$$\max_{y\in\mathcal{Y}} \varphi\Big(\frac{1}{t}\sum_{s=1}^{t} u_{s+1},\ y\Big)-\min_{x\in\mathcal{X}} \varphi\Big(x,\ \frac{1}{t}\sum_{s=1}^{t} v_{s+1}\Big)$$
$$\leqslant\max(\beta_{11}R_x^2,\ \beta_{22}R_y^2,\ \beta_{12}R_xR_y,\ \beta_{21}R_xR_y)\frac{4}{t}$$

证明 根据定理 5.1 和 (4.11) 的证明, 显然向量场 $g(z)=(\nabla_x\varphi(x,\ y),\ -\nabla_y\varphi(x,\ y))$ 是关于 $\|z\|_z=\sqrt{\dfrac{1}{R_x^2}\|x\|_x^2+\dfrac{1}{R_y^2}\|y\|_y^2}$ β-Lipschitz 的, 其中 $\beta=2\max(\beta_{11}R_x^2,\ \beta_{22}R_y^2,\ \beta_{12}R_xR_y,\ \beta_{21}R_xR_y)$. 换句话说, 我们需要证明

$$\|g(z)-g(z')\|_z^*\leqslant\beta\|z-z'\|_z$$

这可以通过简单的计算来实现(通过引入 $g(x',\ y)$, 并使用 φ 平滑度的定义). $\square$

5.2.4 应用

我们简要研究了 SP-MD 和 SP-MP 的三种应用.

最小化光滑函数的最大值

问题(5.2)(当 f 必须在 $\mathcal{X}$ 上最小化时)可以重写为

$$\min_{x \in \mathcal{X}} \max_{y \in \Delta_m} \vec{f}(x)^{\mathrm{T}} y$$

式中 $\vec{f}(x) = (f_1(x), \cdots, f_m(x)) \in \mathbb{R}^m$. 我们假设函数 f_i 是关于某些范数 $\|\cdot\|_{\mathcal{X}} L$-Lipschtiz 和 β-光滑的. 我们来研究当 $\mathcal{X}$ 存在 $\|\cdot\|_{\mathcal{X}}$, Δ_m 存在 $\|\cdot\|_1$ 时, $\varphi(x, y) = \vec{f}(x)^{\mathrm{T}} y$ 的光滑性. 一方面 $\nabla_y \varphi(x, y) = \vec{f}(x)$, 特别是 $\beta_{22} = 0$, 而且

$$\|\vec{f}(x) - \vec{f}(x')\|_{\infty} \leqslant L \|x - x'\|_{\mathcal{X}}$$

即 $\beta_{21} = L$, 另一方面 $\nabla_x \varphi(x, y) = \sum_{i=1}^{m} y_i \nabla f_i(x)$, 因此

$$\left\| \sum_{i=1}^{m} y(i) (\nabla f_i(x) - \nabla f_i(x')) \right\|_{\mathcal{X}}^* \leqslant \beta \|x - x'\|_{\mathcal{X}}$$

$$\left\| \sum_{i=1}^{m} (y(i) - y'(i)) \nabla f_i(x) \right\|_{\mathcal{X}}^* \leqslant L \|y - y'\|_1$$

即 $\beta_{11} = \beta$ 和 $\beta_{12} = L$. 因此, 使用在 $\mathcal{X}$ 上具有一些镜像映射的 SP-MP 和在 Δ_m 上具有负熵的 SP-MP(参见 4.3 节中的"单纯形设置"), 可以在 $O\left(\dfrac{\beta R_{\mathcal{X}}^2 + L R_{\mathcal{X}} \sqrt{\log(m)}}{\varepsilon}\right)$ 次迭代中获得 $f(x) = \max_{1 \leqslant i \leqslant m} f_i(x)$ 的 ε-最优点.

此外, SP-MP 的迭代在函数 $x \mapsto \sum_{i=1}^{m} y(i) f_i(x)$ (加上 $\mathcal{Y}$-空间中更新的 $O(m)$)上具有在 $\mathcal{X}$ 中镜像下降的计算复杂性.

因此, 通过使用 f 的结构, 我们能够获得比黑箱过程更好的速率(黑箱过程需要 $\Omega(1/\varepsilon^2)$ 次迭代, 因为 f 可能是非光滑的).

矩阵对策

设 $A \in \mathbb{R}^{n \times m}$, 我们用 $\|A\|_{\max}$ 表示 A 的最大项(绝对值), A 的第 i 列

为 $A_i \in \mathbb{R}^n$，我们考虑与损失矩阵 A 对应的零和对策的纳什均衡的计算问题，即我们要解决

$$\min_{x \in \Delta_n} \max_{y \in \Delta_m} x^\mathrm{T} A y$$

的问题，在这里，Δ_n 和 Δ_m 都存在 $\|\cdot\|_1$．设 $\varphi(x, y) = x^\mathrm{T} A y$．利用 $\nabla_x \varphi(x, y) = Ay$ 和 $\nabla_y \varphi(x, y) = A^\mathrm{T} x$，可以立即得到 $\beta_{11} = \beta_{22} = 0$．此外因为

$$\|A(y - y')\|_\infty = \left\| \sum_{i=1}^m (y(i) - y'(i)) A_i \right\|_\infty \leqslant \|A\|_{\max} \|y - y'\|_1$$

而且也有 $\beta_{12} = \beta_{21} = \|A\|_{\max}$．因此，在 Δ_n 和 Δ_m 上都具有负熵的 SP-MP 在 $O(\|A\|_{\max} \sqrt{\log(n)\log(m)}/\varepsilon)$ 次迭代下得到了一对 ε-最优混合策略．此外，SP-MP 步骤的计算复杂性取决于 $O(nm)$ 的矩阵向量乘法．因此，用 SP-MP 求解 ε-最优纳什均衡的总体复杂性为 $O(\|A\|_{\max} \sqrt{\log(n)\log(m)}/\varepsilon)$．

线性分类

设 $(l_i, A_i) \in \{-1, 1\} \times \mathbb{R}^n$，$i \in [m]$ 是希望用线性分类器分离的数据集．也就是说，寻找 $x \in \mathrm{B}_{2,n}$，使得对于所有 $i \in [m]$，$\mathrm{sign}(x^\mathrm{T} A_i) = \mathrm{sign}(l_i)$，或者等价于 $l_i x^\mathrm{T} A_i > 0$．显然，在不丧失一般性的情况下，可以假定 $l_i = 1$ 表示所有 $i \in [m]$（简单地用 $l_i A_i$ 替换 A_i）．设 $A \in \mathbb{R}^{n \times m}$ 为矩阵，其中第 i 列为 A_i．找到具有最大裕量的 x 的问题可以写成

$$\max_{x \in \mathrm{B}_{2,n}} \min_{1 \leqslant i \leqslant m} A_i^\mathrm{T} x = \max_{x \in \mathrm{B}_{2,n}} \min_{y \in \Delta_m} x^\mathrm{T} A y \tag{5.4}$$

假设 $\|A_i\|_2 \leqslant B$，并使用我们在 5.2.4 节中所做的计算，很明显 $\varphi(x, y) = x^\mathrm{T} A y$ 是相对于 $\mathrm{B}_{2,n}$ 上的 $\|\cdot\|_2$ 和 m 上的 $\|\cdot\|_1 (0, B, 0, B)$-平滑的．这特别意味着在 $\mathrm{B}_{2,n}$ 上欧氏范数平方且 Δ_m 上负熵的 SP-MP 将在 $O(B \sqrt{\log(m)}/\varepsilon)$ 迭代中求解(5.4)．同样，迭代的成本由矩阵向量的乘法决定，这就使得求解(5.4)的 ε-最优解的总体复杂性为 $O(Bnm \sqrt{\log(m)}/\varepsilon)$．

5.3　内点法

我们在这里描述内点法(IPM)，它是一类与我们目前所看到的完全不同的算法．这种类型的第一种算法 Karmarkar[1984]描述过，但是我们将要介绍的理论在 Nesterov 和 Nemirovski[1994]的著作中有所进展．我们密切关注[第 4 章，Nesterov [2004a]]中的陈述．其他有用的参考文献(尤其是在实践中使用的原始-对偶 IPM)包括 Renegar[2001]、Nemirovski[2004b]、Nocedal 和 Wright[2006]．

IPM 用来解决如下形式的凸优化问题：

$$\min c^{\mathrm{T}} x$$
$$使得\ x \in \mathcal{X}$$

$c \in \mathbb{R}^n$，$\mathcal{X} \subset \mathbb{R}^n$ 凸而且紧致．注意，在这一点上，目标的线性不丧失一般性，因为在 $\mathcal{X}$ 上最小化凸函数 f，等于在 f(这也是凸集)的上境图上最小化线性目标．IPM 中对 $\mathcal{X}$ 的结构假设是 $\mathcal{X}$ 存在一个自和谐障碍，其梯度和 Hessian 易于计算．上一句话的意思将在下一小节中明确说明．IPM 的重要性源于 LP 和 SDP(见 1.5 节)满足这种结构假设．

5.3.1　障碍法

我们说 F：$\mathrm{int}(\mathcal{X}) \to \mathbb{R}$ 是 $\mathcal{X}$ 的一个障碍，如果

$$F(x) \xrightarrow[x \to \partial \mathcal{X}] {} +\infty$$

我们只考虑严格凸性障碍．我们将 F 的定义域扩展到 $\mathbb{R}^n$，对于 $x \notin \mathrm{int}(\mathcal{X})$，$F(x) = +\infty$．对于 $t \in \mathbb{R}_+$，令

$$x^*(t) \in \arg\min_{x \in \mathbb{R}^n} t c^{\mathrm{T}} x + F(x)$$

下面我们表示为 $F_t(x) \triangleq t c^{\mathrm{T}} x + F(x)$．在 IPM 中，路径$(x^*(t))_{t \in \mathbb{R}_+}$ 被

称为中心路径. 很明显，中心路径最终求得 $\mathcal{X}$ 上的目标函数 $c^\mathrm{T}x$ 的最小值 x^*，准确地说，有

$$x^*(t)\xrightarrow[t\to+\infty]{} x^*$$

障碍法的思想是通过"增强"一个快速的局部收敛算法沿中心路径移动，我们用 $\mathcal{A}$ 表示该算法，使用以下方案：假设已经计算了 $x^*(t)$，然后使用 $x^*(t)$ 初始化好的算法 $\mathcal{A}$ 来计算对于满足某些 $t'>t$ 的 $x^*(t')$. t' 的选择存在明显的张力，一方面 t' 应该很大，以便在中心路径上取得尽可能多的进展，但另一方面 $x^*(t)$ 需要足够接近 $x^*(t')$，以便在 $F_{t'}$ 上运行时，$x^*(t)$ 处于算法 $\mathcal{A}$ 快速收敛的范围内.

IPM 遵循上述方法，即 $\mathcal{A}$ 是牛顿法. 事实上，正如我们将在下一小节中看到的那样，牛顿法具有二次收敛速度，即如果初始化到足够接近最优值，则经过 $\log\log(1/\varepsilon)$ 次迭代达到 ε-最优点！因此，我们现在有了一个明确的计划，形式化地表述这些想法，并分析 IPM 的迭代复杂性：

1. 首先，我们需要精确地描述牛顿法的快速收敛区域. 这将引导我们定义自和谐函数，这是牛顿法的"自然"函数.

2. 然后，我们需要精确地计算出 t' 比 t 大多少，使得在 $t'>t$ 条件下优化函数 $F_{t'}$ 时，$x^*(t)$ 仍处于牛顿法的快速收敛区域，这将导致我们定义 ν-自和谐障碍.

3. 我们怎么才能一开始就接近中心路径呢？是否可以计算 $x^*(0)=$ $\arg\min_{x\in\mathbb{R}^n} F(x)$（所谓 $\mathcal{X}$ 的分析中心）？

5.3.2　牛顿法的传统分析

我们首先描述牛顿法及其标准分析，以便说明当初始值接近最优值时的二次收敛速度. 在本小节中，我们用 $\|\cdot\|$ 表示 $\mathbb{R}^n$ 上的欧几里得范数和矩阵上的算子范数（特别是 $\|Ax\|\leqslant\|A\|\cdot\|x\|$）.

设 $f:\mathbb{R}^n\to\mathbb{R}$ 是 C^2 函数. 利用 f 在 x 附近的泰勒展开式得到

$$f(x+h)=f(x)+h^{\mathrm{T}}\nabla f(x)+\frac{1}{2}h^{\mathrm{T}}\nabla^2 f(x)h+o(\|h\|^2)$$

因此，从 x 开始，为了使 f 最小化，似乎很自然地朝方向 h 移动，最小化

$$h^{\mathrm{T}}\nabla f(x)+\frac{1}{2}h^{\mathrm{T}}\nabla f^2(x)h$$

如果 $\nabla^2 f(x)$ 是正定的，则该问题的解由 $h=-[\nabla^2 f(x)]^{-1}\nabla f(x)$ 给出.
牛顿法只是简单地迭代这个想法：从某个点 $x_0\in\mathbb{R}^n$ 开始，对于 $k\geqslant 0$，它
迭代以下方程：

$$x_{k+1}=x_k-[\nabla^2 f(x_k)]^{-1}\nabla f(x_k)$$

虽然该方法通常具有任意不良行为，但如果开始时足够接近 f 的严格局部最小值，则它可以具有非常快的收敛速度.

定理 5.3 假设 f 具有 Lipschitz-Hessian，即 $\|\nabla^2 f(x)-\nabla^2 f(y)\|\leqslant M\|x-y\|$. 设 x^* 为严格正 Hessian f 的局部最小值，即 $\nabla^2 f(x^*)\geqslant\mu I_n$，$\mu>0$. 假设牛顿法的初始起点 x_0 满足

$$\|x_0-x^*\|\leqslant\frac{\mu}{2M}$$

则牛顿法定义良好，并以二次方速率收敛到 x^*：

$$\|x_{k+1}-x^*\|\leqslant\frac{M}{\mu}\|x_k-x^*\|^2$$

证明 我们使用下面的简单公式，对于 $x,h\in\mathbb{R}^n$，

$$\int_0^1\nabla^2 f(x+sh)h\,\mathrm{d}s=\nabla f(x+h)-\nabla f(x)$$

现在注意 $\nabla f(x^*)=0$，因此通过上面的公式，可以得到

$$\nabla f(x_k)=\int_0^1\nabla^2 f(x^*+s(x_k-x^*))(x_k-x^*)\,\mathrm{d}s$$

我们可以写成：

$$x_{k+1}-x^*$$
$$=x_k-x^*-[\nabla^2 f(x_k)]^{-1}\nabla f(x_k)$$
$$=x_k-x^*-[\nabla^2 f(x_k)]^{-1}\int_0^1 \nabla^2 f(x^*+s(x_k-x^*))(x_k-x^*)\mathrm{d}s$$
$$=[\nabla^2 f(x_k)]^{-1}\int_0^1 [\nabla^2 f(x_k)-\nabla^2 f(x^*+s(x_k-x^*))](x_k-x^*)\mathrm{d}s$$

尤其是

$$\|x_{k+1}-x^*\|$$
$$\leqslant \|[\nabla^2 f(x_k)]^{-1}\|$$
$$\times \left(\int_0^1 \|\nabla^2 f(x_k)-\nabla^2 f(x^*+s(x_k-x^*))\|\mathrm{d}s\right)\|x_k-x^*\|$$

利用 Hessian 函数的 Lipschitz 性质，我们马上得到

$$\left(\int_0^1 \|\nabla^2 f(x_k)-\nabla^2 f(x^*+s(x_k-x^*))\|\mathrm{d}s\right)\leqslant \frac{M}{2}\|x_k-x^*\|$$

再次使用 Hessian 的 Lipschitz 性质（注意 $\|A-B\|\leqslant s \Leftrightarrow sI_n \geqslant A-B \geqslant -sI_n$）、$x^*$ 上的假设和 $\|x_k-x^*\|\leqslant \dfrac{\mu}{2M}$ 的归纳假设，有

$$\nabla^2 f(x_k)\geqslant \nabla^2 f(x^*)-M\|x_k-x^*\|I_n \geqslant (\mu-M\|x_k-x^*\|)I_n \geqslant \frac{\mu}{2}I_n$$

这就证明了结论.   □

5.3.3   自和谐函数

在给出自和谐函数的定义之前，我们先来了解一下牛顿法的"几何学". 设 A 为 $n\times n$ 非奇异矩阵. 我们看一下函数 $f: x\mapsto f(x)$ 和 $\varphi: y\mapsto f(A^{-1}y)$ 上的牛顿步径，分别从 x 和 $y=Ax$ 开始，即

$$x^+ = x - [\nabla^2 f(x)]^{-1}\nabla f(x), \ \ y^+ = y - [\nabla^2 \varphi(y)]^{-1}\nabla\varphi(y)$$

使用以下简单公式:

$$\nabla(x \mapsto f(Ax)) = A^{\mathsf{T}}\nabla f(Ax), \quad \nabla^2(x \mapsto f(Ax)) = A^{\mathsf{T}}\nabla^2 f(Ax)A$$

很容易证明

$$y^+ = Ax^+$$

换言之，牛顿法在"x-空间"和"y-空间"(通过 x-空间的 A 的图像)中将遵循相同的轨迹，即牛顿法是仿射不变的. 请注意，第 3 章中描述的方法不具有这个性质(条件梯度下降除外).

牛顿法的仿射不变性反映有关 5.3.2 节分析假设的影响. 事实上，这些假设都是基于 $\mathbb{R}^n$ 中的正则内积. 然而，我们刚刚表明，方法本身并不依赖内积的选择(同样对于一阶方法，这也不是正确的). 因此，我们希望得到一个没有提及预先指定的内积类似于定理 5.3 的结果. 自和谐的思想是修改 Hessian 上的 Lipschitz 假设，以实现这一目标.

从现在开始假设 f 是 C^3 的，让 $\nabla^3 f(x)$: $\mathbb{R}^n \times \mathbb{R}^n \times \mathbb{R}^n \to \mathbb{R}$ 是三阶微分算子. 定理 5.3 中 Hessian 的 Lipschitz 假设可以写成:

$$\nabla^3 f(x)[h, h, h] \leqslant M\|h\|_2^3$$

问题是，这个不等式取决于内积的选择. 更重要的是，很容易看出，在紧致集合上无穷大的凸函数不能满足上述不等式. 尝试解决这些问题的想法自然是用函数 f 本身在 x 处给出的度量替换右侧的欧几里得度量，即

$$\|h\|_x = \sqrt{h^{\mathsf{T}}\nabla^2 f(x)h}$$

注意，为了清楚起见，我们应该使用符号 $\|\cdot\|_{x,f}$，但是因为在这种情况下 f 总是清晰的，所以我们坚持使用 $\|\cdot\|_x$.

定义 5.1　设 $\mathcal{X}$ 是一个内部非空的凸集，f 是在 $\mathrm{int}(\mathcal{X})$ 上定义的 C^3 凸函数. 如果对于所有 $x \in \mathrm{int}(\mathcal{X})$，$h \in \mathbb{R}^n$，

$$\nabla^3 f(x)[h,\ h,\ h]\leqslant M\|h\|_x^3$$

则 f 是自和谐的(带有常数 M). 如果 f 在常数 $M=2$ 下是自和谐的，则 f 是标准自和谐的.

定义的一个简单结果是，自和谐函数是集合 $\mathcal{X}$ 的一个障碍，见[定理 4.1.4，Nesterov[2004a]]. 记住标准自和谐函数的主要例子是 $f(x)=-\log x(x>0)$. 下一个定义是描述牛顿自和谐函数法二次收敛区域的关键.

定义 5.2 设 f 是 $\mathcal{X}$ 上的标准自和谐函数，对于 $x\in\text{int}(\mathcal{X})$，我们说 $\lambda_f(x)=\|\nabla f(x)\|_x^*$ 是 f 在 x 处的牛顿减量.

一个重要的不等式是，对于满足 $\lambda_f(x)<1$ 的 x，$x^*=\arg\min f(x)$，有

$$\|x-x^*\|_x\leqslant\frac{\lambda_f(x)}{1-\lambda_f(x)} \tag{5.5}$$

见[方程 4.1.18，Nesterov[2004a]]. 我们在没有证明的情况下陈述下一个定理，另见[定理 4.1.14，Nesterov[2004a]].

定理 5.4 设 f 是 $\mathcal{X}$ 上的标准自和谐函数，$x\in\text{int}(\mathcal{X})$，使得 $\lambda_f(x)\leqslant 1/4$，则

$$\lambda_f(x-[\nabla^2 f(x)]^{-1}\nabla f(x))\leqslant 2\lambda_f(x)^2$$

换句话说，上述定理指出，如果在一个点 x_0 处初始化，使 $\lambda_f(x_0)\leqslant 1/4$，那么牛顿迭代满足 $\lambda_f(x_{k+1})<2\lambda_f(x_k)^2$. 因此，自和谐函数的牛顿二次收敛区域可以描述为"牛顿减量球" $\{x:\lambda_f(x)\leqslant 1/4\}$. 特别是通过把障碍加到一个自和谐函数，我们现在已经解决了 5.3.1 节所述计划的步骤(1).

5.3.4 ν-自和谐障碍

我们在这里处理 5.3.1 节所描述计划的步骤(2). 给定定理 5.4，我们希望 t' 尽可能大，使得

$$\lambda_{F_{t'}}(x^*(t)) \leqslant 1/4 \tag{5.6}$$

因为 $F_{t'}$ 的 Hessian 是 F 的 Hessian，有

$$\lambda_{F_{t'}}(x^*(t)) = \|t'c + \nabla F(x^*(t))\|^*_{x^*(t)}$$

可以观察到，通过一阶最优性，有 $tc + \nabla F(x^*(t)) = 0$，这会得到

$$\lambda_{F_{t'}}(x^*(t)) = (t'-t)\|c\|^*_{x^*(t)} \tag{5.7}$$

因此

$$t' = t + \frac{1}{4\|c\|^*_{x^*(t)}} \tag{5.8}$$

立即得到(5.6)的结果．特别是(5.8)中给出的 t' 值，在 $x^*(t)$ 处初始化的 $F_{t'}$ 上的牛顿法将以二次快速收敛到 $x^*(t')$.

仍然需要通过迭代来验证(5.8)得到一个发散到无穷大的序列，并估计增长率．因此，需要控制 $\|c\|^*_{x^*(t)} = \frac{1}{t}\|\nabla F(x^*(t))\|^*_{x^*(t)}$．幸运的是，有一类自然函数可以在 x 上均匀地控制 $\|\nabla F(x)\|^*_x$．这是使得

$$\nabla^2 F(x) \geqslant \frac{1}{\nu}\nabla F(x)[\nabla F(x)]^T \tag{5.9}$$

的一组函数．事实上，在这种情况下，有

$$\begin{aligned}\|\nabla F(x)\|^*_x &= \sup_{h:h^T\nabla F^2(x)h\leqslant 1}\nabla F(x)^T h\\ &\leqslant \sup_{h:h^T\left(\frac{1}{\nu}\nabla F(x)[\nabla F(x)]^T\right)h\leqslant 1}\nabla F(x)^T h\\ &= \sqrt{\nu}\end{aligned}$$

因此，增加惩罚参数的安全选择是 $t' = \left(1 + \frac{1}{4\sqrt{\nu}}\right)t$．注意，条件(5.9)也可以写成函数 F 是 $\frac{1}{\nu}$-exp-凹的，即 $x \mapsto \exp\left(-\frac{1}{\nu}F(x)\right)$ 是凹的．我们得出以

下定义.

定义 5.3   如果 F 是标准自和谐函数，则 F 是 ν-自和谐障碍，且 F 是 $\dfrac{1}{\nu}$-exp-凹的.

同样，典型的例子是对数函数 $x \mapsto -\log x$，它是集合 $\mathbb{R}_+$ 的 1-自和谐障碍. 我们在没有证明的情况下陈述下一个定理（关于这个结果的更多信息，见 Bubeck 和 Eldan[2014]）.

定理 5.5   设 $\mathcal{X} \subset \mathbb{R}^n$ 是内部非空的闭凸集. 存在 F 是 $\mathcal{X}$ 的 (cn)-自和谐障碍（其中 c 是某个通用常数）.

ν-自和谐障碍的一个关键性质是以下的不等式：

$$c^{\mathsf{T}} x^*(t) - \min_{x \in \mathcal{X}} c^{\mathsf{T}} x \leqslant \frac{\nu}{t} \tag{5.10}$$

见[方程(4.2.17)，Nesterov[2004a]]. 联合(5.10)和(5.5)，可以得到更通用的下式：

$$
\begin{aligned}
c^{\mathsf{T}} y - \min_{x \in \mathcal{X}} c^{\mathsf{T}} x &\leqslant \frac{\nu}{t} + c^{\mathsf{T}}(y - x^*(t)) \\
&= \frac{\nu}{t} + \frac{1}{t}(\nabla F_t(y) - \nabla F(y))^{\mathsf{T}}(y - x^*(t)) \\
&\leqslant \frac{\nu}{t} + \frac{1}{t} \|\nabla F_t(y) - \nabla F(y)\|_y^* \cdot \|y - x^*(t)\|_y \\
&\leqslant \frac{\nu}{t} + \frac{1}{t}(\lambda_{F_t}(y) + \sqrt{\nu}) \frac{\lambda_{F_t}(y)}{1 - \lambda_{F_t}(y)}
\end{aligned}
\tag{5.11}
$$

在下一节中，我们将描述基于上述思想的精确算法. 正如我们将看到的那样，不能确保完全走在中心路线上，因此推广等式(5.7)对于靠近中心路径的点 x 是有用的. 如下：

$$\lambda_{F_{t'}}(x) = \|t'c + \nabla F(x)\|_x^*$$

$$= \|(t'/t)(tc+\nabla F(x))+(1-t'/t)\nabla F(x)\|_x^*$$

$$\leqslant \frac{t'}{t}\lambda_{F_t}(x)+\left(\frac{t'}{t}-1\right)\sqrt{\nu} \tag{5.12}$$

5.3.5 路径跟踪方案

我们现在可以正式描述和分析最基本的 IPM，称为路径跟踪方案．设 F 为 $\mathcal{X}$ 的 ν-自和谐障碍．假设可以找到 x_0，使得对于某个小值 $t_0>0$，$\lambda_{F_{t_0}}(x_0)\leqslant 1/4$（我们在本小节末尾描述了一种找出 x_0 的方法）．那么对于 $k\geqslant 0$，令

$$t_{k+1}=\left(1+\frac{1}{13\sqrt{\nu}}\right)t_k$$

$$x_{k+1}=x_k-[\nabla^2 F(x_k)]^{-1}(t_{k+1}c+\nabla F(x_k))$$

下一个定理表明，在经过路径跟踪方案的 $O\left(\sqrt{\nu}\log\frac{\nu}{t_0\varepsilon}\right)$ 次迭代之后，可以得到 ε-最优点．

定理 5.6 上述路径跟踪方案满足

$$c^\mathrm{T}x_k-\min_{x\in\mathcal{X}}c^\mathrm{T}x\leqslant\frac{2\nu}{t_0}\exp\left(-\frac{k}{1+13\sqrt{\nu}}\right)$$

证明 我们证明迭代 $(x_k)_{k\geqslant 0}$ 保持在靠近中心路径 $(x^*(t_k))_{k\geqslant 0}$ 的位置．通过归纳法可以很容易地精确证明

$$\lambda_{F_{t_k}}(x_k)\leqslant 1/4$$

确实，利用定理 5.4 和方程(5.12)可以立即得到

$$\lambda_{F_{t_{k+1}}}(x_{k+1})\leqslant 2\lambda_{F_{t_{k+1}}}(x_k)^2$$

$$\leqslant 2\left(\frac{t_{k+1}}{t_k}\lambda_{F_{t_k}}(x_k)+\left(\frac{t_{k+1}}{t_k}-1\right)\sqrt{\nu}\right)^2$$

$$\leqslant 1/4$$

我们最后一个不等式中使用了 $t_{k+1}/t_k = 1 + \dfrac{1}{13\sqrt{\nu}}$ 和 $\nu \geqslant 1$.

因此利用(5.11)可以得到

$$c^{\mathrm{T}} x_k - \min_{x \in \mathcal{X}} c^{\mathrm{T}} x \leqslant \frac{\nu + \sqrt{\nu}/3 + 1/12}{t_k} \leqslant \frac{2\nu}{t_k}$$

观察得出 $t_k = \left(1 + \dfrac{1}{13\sqrt{\nu}}\right)^k t_0$，它最终产生以下结果：

$$c^{\mathrm{T}} x_k - \min_{x \in \mathcal{X}} c^{\mathrm{T}} x \leqslant \frac{2\nu}{t_0}\left(1 + \frac{1}{13\sqrt{\nu}}\right)^{-k} \qquad \Box$$

在这一点上，我们仍然需要解释如何接近中心路径的初始点 $x^*(t_0)$. 这可以通过以下相当巧妙的技巧来实现. 假设有一个点 $y_0 \in \mathcal{X}$. 观察结果是，对于 c 被 $-\nabla F(y_0)$ 代替的问题，y_0 在 $t = 1$ 的中心路径上. 现在，我们不再遵循 $t \to +\infty$ 的中心路径，而是遵循 $t \to 0$ 的中心路径. 实际上，对于足够小的 t，c 和 $-\nabla F(y_0)$ 的中心路径将非常接近. 因此，我们从 $t_0' = 1$ 开始迭代下列方程：

$$t_{k+1}' = \left(1 - \frac{1}{13\sqrt{\nu}}\right)t_k'$$

$$y_{k+1} = y_k - \left[\nabla^2 F(y_k)\right]^{-1}\left(-t_{k+1}' \nabla F(y_0) + \nabla F(y_k)\right)$$

直接的分析表明，对于 $k = O(\sqrt{\nu}\log\nu)$ 它对应于 $t_k' = 1/\nu^{O(1)}$，得到一个点 y_k，使得 $\lambda_{F_{t_k'}}(y_k) \leqslant 1/4$. 换句话说，可以用 $t_0 = t_k'$ 和 $x_0 = y_k$ 的初始化路径跟踪方案.

5.3.6 线性规划和半定规划的内点法

我们已经大致看到，具有 ν-自和谐障碍的内点法的复杂性是

$O\left(M\sqrt{\nu}\log\dfrac{\nu}{\varepsilon}\right)$，其中 M 是计算牛顿方向的复杂性（可以通过计算障碍的 Hessian 的逆矩阵来实现）．因此，该方法的有效性直接关系到构建 $\mathcal{X}$ 的自和谐障碍，而线性规划（LP）和半定规划（SDP）有特别好的自和谐障碍．事实上，我们可以证明 $F(x)=-\displaystyle\sum_{i=1}^{n}\log x_i$ 是 $\mathbb{R}_+^n$ 上的 n-自和谐障碍，$F(x)=-\log\det(X)$ 是 $\mathbb{S}_+^n$ 上的 n-自和谐障碍．另见 Lee 和 Sidford[2013] 关于 LP 的基本对数屏障的最新改进．

到目前为止，我们忽略了一个重要问题．在大多数有趣的情况下，LP 和 SDP 都带有等式约束，从而产生一组内部为空的约束 $\mathcal{X}$．从理论上来说，有一个简单的解决办法，就是重新调整问题的参数，目的在于控制变量在 $\mathcal{X}$ 所跨越的子空间中．这种修改也有算法上的结果，因为现在牛顿方向的计算也不一样了．事实上，我们不必进行重新参数化，只需搜索牛顿方向，使需要更新的点保持在 $\mathcal{X}$ 中．换句话说，我们现在要解决线性等式约束下的凸二次优化问题．幸运的是，利用拉格朗日乘子可以找到这个问题的一个封闭形式的解决方案，我们参考以前的参考资料，以了解更多的有关细节．

第6章 凸优化与随机性

在本章中，我们将探讨优化与随机性之间的相互作用. Robbins 和 Monro[1951]的一个关键见解是，一阶方法是相当稳健的：不必精确地计算梯度，以确保朝着最优方向前进. 实际上，由于这些方法通常要做许多小步骤，只要梯度在平均上是正确的，梯度近似引入的误差最终就会消失. 正如我们将在下面看到的，这种直观上的认识对于非光滑优化是正确的(因为步骤确实很小)，但是对于光滑优化，情况更为微妙(回想第 3 章，在这种情况下，我们采取了很长的步骤).

我们现在介绍这一章的主要内容：凸函数 $f: \mathcal{X} \to \mathbb{R}$ 的一阶随机 oracle，以 $x \in \mathcal{X}$ 为输入点，输出一个随机变量 $\tilde{g}(x)$，使得 $\mathbb{E}\tilde{g}(x) \in \partial f(x)$. 在查询点 x 是随机变量(可能是从以前对 oracle 的查询中获得的)的情况下，假设 $\mathbb{E}(\tilde{g}(x) \mid x) \in \partial f(x)$.

无偏假设本身不足以得到收敛速度，还需要对 $\tilde{g}(x)$ 的波动进行假设. 本质上，在非光滑情况下，我们假设存在 $B > 0$，对于所有 $x \in \mathcal{X}$，使得 $\mathbb{E}\|\tilde{g}(x)\|_*^2 \leqslant B^2$，而在光滑情况下，我们假设存在 $\sigma > 0$，对于所有 $x \in \mathcal{X}$，使得 $\mathbb{E}\|\tilde{g}(x) - \nabla f(x)\|_*^2 \leqslant \sigma^2$.

我们还注意到，带有偏好 oracle 的情况是完全不同的，我们参考了 d'Aspremont[2008]，Schmidt et al. [2011]对于这方面的一些工作.

机器学习中随机 oracle 的两个典型例子如下.

设 $f(x) = \mathbb{E}_\xi l(x, \xi)$，其中 $l(x, \xi)$ 应解释为例子 ξ 中的预测因子 x 的损失. 我们假设 $l(\cdot, \xi)$ 是任意 ξ 的(可微⊖)凸函数，其目标是找到一

⊖ 我们假设可微只是为了这里的符号.

个期望损失最小的预测因子，也就是使得 f 最小. 当查询 $\mathcal{X}$ 时，随机 oracle 可以从未知分布中提取 ξ 并且计算 $\nabla_x l(x, \xi)$. 显然有 $\mathbb{E}_\xi \nabla_x l(x, \xi) \in \partial f(x)$.

第二个例子是 1.1 节中描述的，其中希望最小化 $f(x) = \dfrac{1}{m} \sum\limits_{i=1}^m f_i(x)$. 在这种情况下，可以通过均匀地随机选择 $I \in [m]$ 并计算出 $\nabla f_I(x)$ 来获得随机 oracle.

观察以上两种情况下的随机 oracle 是完全不同的. 考虑可以访问一组独立同分布的样本 $\xi_1, \cdots, \xi_m$ 数据集的标准情况. 因此，在第一种情况下，在希望最小化预期损失的情况下，仅限于对 oracle 的 m 个查询，即对数据的一次传递(实际上，如果两次使用同一个数据点，则无法确保条件期望是正确的). 相反，对于经验损失，其中 $f_i(x) = l(x, \xi_i)$，可以按自己的想法进行多次传递.

6.1 非光滑随机优化

我们以随机镜像下降(S-MD)开始研究，定义如下: $x_1 \in \arg\min\limits_{\mathcal{X} \cap \mathcal{D}} \Phi(x)$,

$$x_{t+1} = \arg\min_{x \in \mathcal{X} \cap \mathcal{D}} \eta\, \tilde{g}(x_t)^{\mathrm{T}} x + D_\Phi(x, x_t)$$

在这种情况下，方程(4.10)可以重写成

$$\sum_{s=1}^t \tilde{g}(x_s)^{\mathrm{T}}(x_s - x) \leqslant \frac{R^2}{\eta} + \frac{\eta}{2\rho} \sum_{s=1}^t \|\tilde{g}(x_s)\|_*^2$$

由于以下进行了基于塔式规则的简单观察，这将立即产生收敛速度:

$$\mathbb{E}f\left(\frac{1}{t}\sum_{s=1}^t x_s\right) - f(x) \leqslant \frac{1}{t}\mathbb{E}\sum_{s=1}^t (f(x_s) - f(x))$$

$$\leqslant \frac{1}{t}\mathbb{E}\sum_{s=1}^t \mathbb{E}(\tilde{g}(x_s)\,|\,x_s)^{\mathrm{T}}(x_s - x)$$

$$= \frac{1}{t} \mathbb{E} \sum_{s=1}^{t} \widetilde{g}(x_s)^{\mathsf{T}} (x_s - x)$$

我们刚刚证明了以下定理.

定理 6.1   设 Φ 是关于 $\|\cdot\|$ 在 $\mathcal{X} \bigcap \mathcal{D}$ 上的镜像映射 1-强凸，并设 $R^2 = \sup_{x \in \mathcal{X} \cap \mathcal{D}} \Phi(x) - \Phi(x_1)$. 设 f 是凸的. 进一步假设随机 oracle 是 $\mathbb{E} \|\widetilde{g}(x)\|_*^2 \leqslant B^2$，则 $\eta = \frac{R}{B} \sqrt{\frac{2}{t}}$ 的 S-MD 满足

$$\mathbb{E} f\left(\frac{1}{t} \sum_{s=1}^{t} x_s\right) - \min_{x \in \mathcal{X}} f(x) \leqslant RB \sqrt{\frac{2}{t}}$$

同样，在欧几里得和强凸情形下，可以直接推广定理 3.9. 我们精确地考虑了随机梯度下降（SGD），即 $\Phi(x) = \frac{1}{2} \|x\|_2^2$ 的 S-MD，以及时变 $(\eta_t)_{t \geqslant 1}$ 的步长，即

$$x_{t+1} = \Pi_{\mathcal{X}}(x_t - \eta_t \widetilde{g}(x_t))$$

定理 6.2   设 f 是 α-强凸的，并假设随机 oracle 满足 $\mathbb{E} \|\widetilde{g}(x)\|_*^2 \leqslant B^2$，则 $\eta_s = \frac{2}{\alpha(s+1)}$ 的 SGD 满足

$$f\left(\sum_{s=1}^{t} \frac{2s}{t(t+1)} x_s\right) - f(x^*) \leqslant \frac{2B^2}{\alpha(t+1)}$$

6.2   光滑随机优化与小批量 SGD

在前一节中，我们展示了对于非光滑优化，使用随机的 oracle 是基本上不需要花费任何代价的，精确的 oracle 则不是. 不幸的是，我们可以看到

（例如 Tsybakov［2003］），光滑性不会给一般随机 oracle 带来任何加速[⊖]．这与 oracle 的精确情况形成了鲜明的对比，在这种情况下，我们发现梯度下降达到 $1/t$ 的速率（而在非光滑的情况下为 $1/\sqrt{t}$），甚至可以通过 Nesterov 加速梯度下降提高到 $1/t^2$．

下一个结果在随机光滑优化的 $1/\sqrt{t}$ 和确定性光滑优化的 $1/t$ 之间插值．我们将利用它提出在光滑的情况下的一个有用的 SGD 修改．证明来自 Dekel et al.［2012］．

定理 6.3　设 Φ 是相对于 $\|\cdot\|$ 在 $\mathcal{X}\cap\mathcal{D}$ 上的镜像映射 1-强凸，令 $R^2=\sup\limits_{x\in\mathcal{X}\cap\mathcal{D}}\Phi(x)-\Phi(x_1)$．设 f 相对于 $\|\cdot\|$ 是凸的和 B-光滑的．进一步假设随机 oracle 使得 $\mathbb{E}\|\nabla f(x)-\widetilde{g}(x)\|_*^2\leqslant\sigma^2$．那么步长为 $\dfrac{1}{\beta+\frac{1}{\eta}}$ 且 $\eta=\dfrac{R}{\sigma}\sqrt{\dfrac{2}{t}}$ 的 S-MD 满足

$$\mathbb{E}f\left(\frac{1}{t}\sum_{s=1}^t x_{s+1}\right)-f(x^*)\leqslant R\sigma\sqrt{\frac{2}{t}}+\frac{\beta R^2}{t}$$

证明　利用 β-光滑性、Cauchy-Schwarz（对于任何 $x>0$ 的 x，$2ab\leqslant xa^2+b^2/x$）和 Φ 的 1-强凸性，得到

$$f(x_{s+1})-f(x_s)$$
$$\leqslant\nabla f(x_s)^{\mathrm{T}}(x_{s+1}-x_s)+\frac{\beta}{2}\|x_{s+1}-x_s\|^2$$
$$=\widetilde{g}_s^{\mathrm{T}}(x_{s+1}-x_s)+(\nabla f(x_s)-\widetilde{g}_s)^{\mathrm{T}}(x_{s+1}-x_s)+\frac{\beta}{2}\|x_{s+1}-x_s\|^2$$
$$\leqslant\widetilde{g}_s^{\mathrm{T}}(x_{s+1}-x_s)+\frac{\eta}{2}\|\nabla f(x_s)-\widetilde{g}_s\|_*^2+\frac{1}{2}(\beta+1/\eta)\|x_{s+1}-x_s\|^2$$

⊖　一般来说，这句话是正确的，但并没有提到具体的函数/oracle．例如，Bach 和 Moulines［2013］指出，对于平方损失和 logistic 损失可以得到加速度．

$$\leqslant \widetilde{g}_s^{\mathrm{T}}(x_{s+1}-x_s)+\frac{\eta}{2}\|\nabla f(x_s)-\widetilde{g}_s\|_*^2+(\beta+1/\eta)D_\Phi(x_{s+1},\ x_s)$$

注意，使用由(4.9)获得的相同参数，可以得到

$$\frac{1}{\beta+1/\eta}\widetilde{g}_s^{\mathrm{T}}(x_{s+1}-x^*)\leqslant D_\Phi(x^*,\ x_s)-D_\Phi(x^*,\ x_{s+1})-D_\Phi(x_{s+1},\ x_s)$$

因此

$$f(x_{s+1})$$
$$\leqslant f(x_s)+\widetilde{g}_s^{\mathrm{T}}(x^*-x_s)+(\beta+1/\eta)(D_\Phi(x^*,\ x_s)-D_\Phi(x^*,\ x_{s+1}))$$
$$+\frac{\eta}{2}\|\nabla f(x_s)-\widetilde{g}_s\|_*^2$$
$$\leqslant f(x^*)+(\widetilde{g}_s-\nabla f(x_s))^{\mathrm{T}}(x^*-x_s)$$
$$+(\beta+1/\eta)(D_\Phi(x^*,\ x_s)-D_\Phi(x^*,\ x_{s+1}))+\frac{\eta}{2}\|\nabla f(x_s)-\widetilde{g}_s\|_*^2$$

尤其是，这满足

$$\mathbb{E}f(x_{s+1})-f(x^*)\leqslant(\beta+1/\eta)\mathbb{E}(D_\Phi(x^*,\ x_s)-D_\Phi(x^*,\ x_{s+1}))+\frac{\eta\sigma^2}{2}$$

通过将这个不等式从 $s=1$ 到 $s=t$ 求和，可以很容易地用标准参数得出结论.   □

基于小批量的思想，我们现在可以提出以下 SGD 的改进. 设 $m\in\mathbb{N}$，然后小批量 SGD 迭代下列方程：

$$x_{t+1}=\Pi_\mathcal{X}\Big(x_t-\frac{\eta}{m}\sum_{i=1}^m\widetilde{g}_i(x_t)\Big)$$

其中 $\widetilde{g}_i(x_t)$，$i=1$，$\cdots$，m 是从对随机 oracle 的重复查询中获得的独立随机变量（在 x_t 上有条件地）. 假设 f 是 β-光滑的，且随机 oracle 使得 $\|\widetilde{g}(x)\|_2\leqslant B$，则利用定理 6.3 可以得到小批量 SGD 的收敛速度. 实际

上，可以将这个结果应用到修正随机 oracle 中，其中它返回 $\dfrac{1}{m}\displaystyle\sum_{i=1}^{m}\widetilde{g}_i(x)$. 它满足

$$\mathbb{E}\Big\|\frac{1}{m}\sum_{i=1}^{m}\widetilde{g}_i(x)-\nabla f(x)\Big\|_2^2=\frac{1}{m}\mathbb{E}\|\widetilde{g}_1(x)-\nabla f(x)\|_2^2\leqslant\frac{2B^2}{m}$$

因此，我们得到当 t 调用（原始的）随机 oracle 时，即小批量 SGD 的 t/m 迭代时，有一个次优间隙，它的边界如下：

$$R\sqrt{\frac{2B^2}{m}}\sqrt{\frac{2}{t/m}}+\frac{\beta R^2}{t/m}=2\frac{RB}{\sqrt{t}}+\frac{m\beta R^2}{t}$$

因此，只要 $m\leqslant\dfrac{B}{R\beta}\leqslant\sqrt{t}$，通过小批量 SGD 和 t 调用 oracle，就可以得到一个 $3\dfrac{RB}{\sqrt{t}}$-最优的点.

在至少两种情况下，小批量 SGD 可能是比基本 SGD 更好的选择：(i)当一个小批量 SGD 迭代的计算可以分布在多个处理器之间时. 事实上，中央单元可以将消息发送到处理器，该处理器必须计算点 x_s 处的梯度估计值，然后每个处理器可以独立工作，并将它们获得的估计值发送回来. （ii)即使在串行环境中，小批量 SGD 有时也可能是有利的，特别是如果某些计算可以重新用于计算同一点上的几个估计梯度.

6.3　光滑函数与强凸函数的和

让我们更详细地研究一下 1.1 节中的主要例子. 这是一个无约束极小化的问题：

$$f(x)=\frac{1}{m}\sum_{i=1}^{m}f_i(x)$$

其中 f_1，…，f_m 是 β-光滑凸函数，f 是 α-强凸函数．通常在机器学习中，α 可以小到 $1/m$，而 β 是一个常数的阶．换句话说，条件数 $\kappa = \beta/\alpha$ 可以与 $\Omega(m)$ 一样大．现在我们比较一下基本的梯度下降，即

$$x_{t+1} = x_t - \frac{\eta}{m} \sum_{i=1}^{m} \nabla f_i(x)$$

到 SGD

$$x_{t+1} = x_t - \eta \nabla f_{i_t}(x)$$

其中 i_t 服从 $[m]$ 随机均匀分布（与其他一切无关）．定理 3.10 表明梯度下降要求进行 $O(m\kappa \log(1/\varepsilon))$ 次梯度计算（可使用 Nesterov 加速梯度下降法改进为 $O(m\sqrt{\kappa} \log(1/\varepsilon))$，但是定理 6.2 表明，SGD（适当平均）要求进行 $O(1/(\alpha\varepsilon))$ 次梯度计算．因此，利用 SGD 可以相当快地得到低精度的解，但对于高精度，使用基本的梯度下降更为合适．我们能做到两全其美吗？这个问题在 Le Roux et al.［2012］关于 SAG（随机平均梯度）以及 Shalev Shwartz 和 Zhang[2013a] 关于 SDCA（随机双坐标上升）得到了肯定的回答．这些方法只需要 $O((m+\kappa)\log(1/\varepsilon))$ 次梯度计算．下面我们将介绍 Johnson 和 Zhang[2013]提出的 SVRG（随机方差减少梯度下降）算法，该算法使 SAG 和 SDCA 的主要思想更加透明（有关这些不同方法之间的关系，请参考 Defazio et al.［2014］）．我们还观察到，一个自然的问题是，是否只需要 $O((m+\sqrt{m\kappa})\log(1/\varepsilon))$，就可以获得这些算法的 Nesterov 加速版本，关于这个问题的最新研究，见 Shalev Shwartz 和 Zhang[2013b]，Zhang 和 Xiao[2014]，Agarwal 和 Bottou[2014]．

要获得线性收敛速度，需要使用"大步"，即步长应为常数的阶．在 SGD 中，由于随机 oracle 引入的方差，步长一般为 $1/\sqrt{t}$ 阶．SVRG 的思想是将随机 oracle 的输出"中心化"，以减小方差．精确地说，不将 $\nabla f_i(x)$ 输入梯度下降，而是使用 $\nabla f_i(x) - \nabla f_i(y) + \nabla f(y)$，其中 y 是中心序列．这

是一个明智的想法，因为当 x 和 y 接近最优值时，$\nabla f_i(x) - \nabla f_i(y)$ 的方差应该很小，当然 $\nabla f(y)$ 也很小（注意 $\nabla f_i(x)$ 本身并不一定很小）．这个直观上的认识是可以用下列引理来形式化的．

引理 6.4 让 $f_1, \cdots, f_m$ 是 $\mathbb{R}^n$ 上的 β-光滑凸函数，i 是均匀分布在 $[m]$ 中的随机变量．那么

$$\mathbb{E}\|\nabla f_i(x) - \nabla f_i(x^*)\|_2^2 \leqslant 2\beta(f(x) - f(x^*))$$

证明 设 $g_i(x) = f_i(x) - f_i(x^*) - \nabla f_i(x^*)^{\mathrm{T}}(x - x^*)$．通过 f_i 的凸性，对于任何 x，都有 $g_i(x) \geqslant 0$，特别是使用 (3.5)，得到 $-g_i(x) \leqslant -\dfrac{1}{2\beta}\|\nabla g_i(x)\|_2^2$，其可以等价地写成

$$\|\nabla f_i(x) - \nabla f_i(x^*)\|_2^2 \leqslant 2\beta(f_i(x) - f_i(x^*) - \nabla f_i(x^*)^{\mathrm{T}}(x - x^*))$$

对 i 求期望值，并观察 $\mathbb{E}\nabla f_i(x^*) = \nabla f(x^*) = 0$，得到所要求的界． $\square$

另一方面，$f(y)$ 的计算是昂贵的（它需要 m 次梯度计算），因此中心序列的更新应该比主序列少．这些思想导致了以下基于 epoch 的算法．

设 $y^{(1)} \in \mathbb{R}^n$ 为任意初始点．对于 $s = 1, 2, \cdots$，设 $x_1^{(s)} = y^{(s)}$．对于 $t = 1, \cdots, k$，令

$$x_{t+1}^{(s)} = x_t^{(s)} - \eta(\nabla f_{i_t^{(s)}}(x_t^{(s)}) - \nabla f_{i_t^{(s)}}(y^{(s)}) + \nabla f(y^{(s)}))$$

其中 $i_t^{(s)}$ 是服从 $[m]$ 的随机均匀分布（与其他任何情况无关）．也使得

$$y^{(s+1)} = \frac{1}{k}\sum_{t=1}^{k} x_t^{(s)}$$

定理 6.5 设 $f_1, \cdots, f_m$ 是 $\mathbb{R}^n$ 上的 β-光滑凸函数，f 是 α-强凸的．那么 $\eta = \dfrac{1}{10\beta}$，$k = 20\kappa$ 的 SVRG 满足

$$\mathbb{E}f(y^{(s+1)}) - f(x^*) \leqslant 0.9^s(f(y^{(1)}) - f(x^*))$$

证明 我们确定一个相位 $s \geqslant 1$，用 $\mathbb{E}$ 表示对 $i_1^{(s)}$，$\cdots$，$i_k^{(s)}$ 的期望. 在下面表示为

$$\mathbb{E}f(y^{(s+1)}) - f(x^*) = \mathbb{E}f\Big(\frac{1}{k}\sum_{t=1}^{k}x_t^{(s)}\Big) - f(x^*) \leqslant 0.9(f(y^{(s)}) - f(x^*))$$

这显然说明了这个定理. 为了简化下面的符号，我们去掉了对 s 的依赖，也就是说，我们想证明

$$\mathbb{E}f\Big(\frac{1}{k}\sum_{t=1}^{k}x_t\Big) - f(x^*) \leqslant 0.9(f(y) - f(x^*)) \qquad (6.1)$$

我们从定理 3.10 的证明开始(光滑和强凸函数的梯度下降分析)：

$$\|x_{t+1} - x^*\|_2^2 = \|x_t - x^*\|_2^2 - 2\eta v_t^{\mathrm{T}}(x_t - x^*) + \eta^2\|v_t\|_2^2 \qquad (6.2)$$

其中

$$v_t = \nabla f_{i_t}(x_t) - \nabla f_{i_t}(y) + \nabla f(y)$$

利用引理 6.4，我们设定上界 $\mathbb{E}_{i_t}\|v_t\|_2^2$ 如下(记得 $\mathbb{E}\|X - \mathbb{E}(X)\|_2^2 \leqslant \mathbb{E}\|X\|_2^2$，$\mathbb{E}_{i_t}\nabla f_{i_t}(x^*) = 0$)：

$$\mathbb{E}_{i_t}\|v_t\|_2^2$$
$$\leqslant 2\mathbb{E}_{i_t}\|\nabla f_{i_t}(x_t) - \nabla f_{i_t}(x^*)\|_2^2 + 2\mathbb{E}_{i_t}\|\nabla f_{i_t}(y) - \nabla f_{i_t}(x^*) - \nabla f(y)\|_2^2$$
$$\leqslant 2\mathbb{E}_{i_t}\|\nabla f_{i_t}(x_t) - \nabla f_{i_t}(x^*)\|_2^2 + 2\mathbb{E}_{i_t}\|\nabla f_{i_t}(y) - \nabla f_{i_t}(x^*)\|_2^2$$
$$\leqslant 4\beta(f(x_t) - f(x^*) + f(y) - f(x^*)) \qquad (6.3)$$

也注意到

$$\mathbb{E}_{i_t}v_t^{\mathrm{T}}(x_t - x^*) = \nabla f(x_t)^{\mathrm{T}}(x_t - x^*) \geqslant f(x_t) - f(x^*)$$

因此把它和(6.3)一起补充到(6.2)中，就可以得到

$$\mathbb{E}_{i_t}\|x_{t+1} - x^*\|_2^2 \leqslant \|x_t - x^*\|_2^2 - 2\eta(1 - 2\beta\eta)(f(x_t) - f(x^*))$$
$$+ 4\beta\eta^2(f(y) - f(x^*))$$

求上述不等式 $t = 1$，$\cdots$，k 的和，得到

$$\mathbb{E}\|x_{k+1}-x^*\|_2^2 \leqslant \|x_1-x^*\|_2^2 - 2\eta(1-2\beta\eta)\mathbb{E}\sum_{t=1}^{k}(f(x_t)-f(x^*))$$
$$+4\beta\eta^2 k(f(y)-f(x^*))$$

注意到 $x_1=y$，并且通过 α-强凸性，有 $f(x)-f(x^*)\geqslant \dfrac{\alpha}{2}\|x-x^*\|_2^2$，可以重新排列上述的表达式，以获得

$$\mathbb{E}f\left(\frac{1}{k}\sum_{t=1}^{k}x_t\right)-f(x^*) \leqslant \left(\frac{1}{\alpha\eta(1-2\beta\eta)k}+\frac{2\beta\eta}{1-2\beta\eta}\right)(f(y)-f(x^*))$$

使用 $\eta=\dfrac{1}{10\beta}$ 和 $k=20\kappa$，最终得到(6.1)，这本身就是要证明的结论. □

6.4　随机坐标下降

在这一节中，我们假设 f 是 $\mathbb{R}^n$ 上的一个凸可微函数，具有唯一[⊖]的极小值 x^*. 我们研究了一种最简单的优化 f 的方法，随机坐标下降（RCD）法. 下面我们表示 $\nabla_i f(x)=\dfrac{\partial f}{\partial x_i}(x)$. 任意初始点 $x_1 \in \mathbb{R}^n$，RCD 定义如下：

$$x_{s+1}=x_s-\eta\nabla_{i_s}f(x)e_{i_s}$$

其中，i_s 满足 $[n]$ 的随机均匀分布（与其他任何情况无关）.

我们可以将 RCD 视为 SGD，其特定的 oracle $\widetilde{g}(x)=n\nabla_I f(x)e_I$，其中 I 是符合 $[n]$ 的均匀随机分布. 显然 $\mathbb{E}\widetilde{g}(x)=\nabla f(x)$，而且

$$\mathbb{E}\|\widetilde{g}(x)\|_2^2=\frac{1}{n}\sum_{i=1}^{n}\|n\nabla_i f(x)e_i\|_2^2=n\|\nabla f(x)\|_2^2$$

因此使用定理 6.1（当 $\Phi(x)=\dfrac{1}{2}\|x\|_2^2$，即 S-MD 为 SGD 时）立即得到以下

⊖　唯一性只是为了表示而假设的.

结果.

定理 6.6 设 f 在 $\mathbb{R}^n$ 上是凸的 L-Lipschitz，则 $\eta = \dfrac{R}{L}\sqrt{\dfrac{2}{nt}}$ 的 RCD 满足

$$\mathbb{E}f\left(\frac{1}{t}\sum_{s=1}^{t}x_s\right) - \min_{x\in\mathcal{X}}f(x) \leqslant RL\sqrt{\frac{2n}{t}}$$

毫无疑问的是，为了获得同样的精度，RCD 需要的迭代次数是梯度下降的 n 倍. 在下一节中，我们将看到，通过考虑方向平滑度，可以大大改进以上这种情况.

6.4.1 坐标平滑优化的 RCD 算法

现在假设 f 的方向光滑性，即存在 $\beta_1, \cdots, \beta_n$，使得对于任何 $i \in [n]$，$x \in \mathbb{R}^n$ 和 $u \in \mathbb{R}$，有

$$|\nabla_i f(x + ue_i) - \nabla_i f(x)| \leqslant \beta_i|u|$$

如果 f 是二次可微的，则这相当于 $(\nabla^2 f(x))_{i,i} \leqslant \beta_i$. 特别是，由于矩阵的最大特征值是由它的迹作为上界的，因此可以看出方向光滑性说明 f 具有 $\beta \leqslant \sum_{i=1}^{n}\beta_i$ 的 β-光滑. 现在研究以下"积极进取型"RCD，其中步长为逆平滑度的阶：

$$x_{s+1} = x_s - \frac{1}{\beta_{i_s}}\nabla_{i_s}f(x)e_{i_s}$$

此外，我们研究了比均匀分布更一般的抽样分布，对于 $\gamma \geqslant 0$，我们假设 i_s 服从(独立的)分布 p_γ，该分布定义为

$$p_\gamma(i) = \frac{\beta_i^\gamma}{\sum_{j=1}^{n}\beta_j^\gamma}, \quad i \in [n]$$

该算法是 Nesterov[2012]提出的，我们用 RCD(γ)表示. 通过观察发现，直到复杂性 $O(n)$ 的预处理步骤，都可以在时间 $O(\log(n))$ 里从 p_γ 采样.

以下是由 Nesterov[2012]提出的收敛速率，它利用对偶范数 $\|\cdot\|_{[\gamma]}$ 和 $\|\cdot\|_{[\gamma]}^*$，它们的定义如下：

$$\|x\|_{[\gamma]} = \sqrt{\sum_{i=1}^{n} \beta_i^\gamma x_i^2}, \qquad \|x\|_{[\gamma]}^* = \sqrt{\sum_{i=1}^{n} \frac{1}{\beta_i^\gamma} x_i^2}$$

定理 6.7　设 f 是凸的，使得对于任何 $i \in [n]$，$x \in \mathbb{R}^n$，$u \in \mathbb{R} \mapsto f(x + ue_i)$ 是 B_i-光滑的，那么对于 $t \geqslant 2$，RCD(γ)满足

$$\mathbb{E}f(x_t) - f(x^*) \leqslant \frac{2R_{1-\gamma}^2(x_1) \sum_{i=1}^{n} \beta_i^\gamma}{t-1}$$

其中

$$R_{1-\gamma}(x_1) = \sup_{x \in \mathbb{R}^n : f(x) \leqslant f(x_1)} \|x - x^*\|_{[1-\gamma]}$$

回想定理 3.3，在这种情况下，基本梯度下降达到 $\beta\|x_1 - x^*\|_2^2 / t$ 的速率，其中 $\beta \leqslant \sum_{i=1}^{n} \beta_i$（见上面的讨论）. 因此我们看到，对于 β 为 $\sum_{i=1}^{n} \beta_i$ 阶的函数，RCD(1)在梯度下降时有很大的改进. 实际上，在这种情况下，两种方法在固定的迭代次数后都会获得相同的精度，但坐标下降的迭代潜在可能比梯度下降的迭代要快得多.

证明　对 β_i-光滑函数 $u \in \mathbb{R} \mapsto f(x + ue_i)$ 使用(3.5)，得到

$$f\left(x - \frac{1}{\beta_i} \nabla_i f(x) e_i\right) - f(x) \leqslant -\frac{1}{2\beta_i} (\nabla_i f(x))^2$$

使用如下：

$$\mathbb{E}_{i_s} f(x_{s+1}) - f(x_s) = \sum_{i=1}^{n} p_\gamma(i) \left(f\left(x_s - \frac{1}{\beta_i} \nabla_i f(x_s) e_i\right) - f(x_s) \right)$$

$$\leqslant - \sum_{i=1}^{n} \frac{p_\gamma(i)}{2\beta_i} (\nabla_i f(x_s))^2$$

$$= - \frac{1}{2\sum_{i=1}^{n} \beta_i^\gamma} (\|\nabla f(x_s)\|_{[1-\gamma]}^*)^2$$

表示 $\delta_s = \mathbb{E} f(x_s) - f(x^*)$. 观察到, 上述计算可用于表明 $f(x_{s+1}) \leqslant f(x_s)$, 因此根据 $R_{1-\gamma}(x_1)$ 的定义,

$$\delta_s \leqslant \nabla f(x_s)^{\mathrm{T}}(x_s - x^*)$$

$$\leqslant \|x_s - x^*\|_{[1-\gamma]} \|\nabla f(x_s)\|_{[1-\gamma]}^*$$

$$\leqslant R_{1-\gamma}(x_1) \|\nabla f(x_s)\|_{[1-\gamma]}^*$$

因此联合上面的计算, 得到

$$\delta_{s+1} \leqslant \delta_s - \frac{1}{2R_{1-\gamma}^2(x_1) \sum_{i=1}^{n} \beta_i^\gamma} \delta_s^2$$

与定理 3.3 相比, 该证明可以通过类似的计算得出结论. □

我们在上面讨论了 $\gamma = 1$ 的具体情况. $\gamma = 0$ 和 $\gamma = 1/2$ 的情况也挺有趣的, 我们参考 Nesterov[2012], 以了解更多细节. 后一篇文章还讨论了高概率结果和潜在加速度. 我们还参考 Richtárik 和 Takác[2012]讨论有关分布式环境下的 RCD.

6.4.2　用于光滑和强凸优化的 RCD

如果除方向光滑性之外, 还假设强凸性, 则 RCD 实际上就能达到线性速率.

定理 6.8 设 $\gamma \geqslant 0$. 设 f 相对于 $\| \cdot \|_{[1-\gamma]}$ 是 α-强凸的, 并且使得对

于任何 $i \in [n]$，$x \in \mathbb{R}^n$，$u \in \mathbb{R} \mapsto f(x + ue_i)$ 是 β-光滑的. 设 $\kappa_\gamma = \dfrac{\sum\limits_{i=1}^n \beta_i^\gamma}{\alpha}$，则 RCD($\gamma$) 满足

$$\mathbb{E}f(x_{t+1}) - f(x^*) \leqslant \left(1 - \frac{1}{\kappa_\gamma}\right)^t (f(x_1) - f(x^*))$$

我们使用下面的初等引理.

引理 6.9   设 f 是 $\mathbb{R}^n$ 上相对于 $\|\cdot\|$ α-强凸的，则

$$f(x) - f(x^*) \leqslant \frac{1}{2\alpha}\|\nabla f(x)\|_*^2$$

证明   通过强凸性、Hölder 不等式和初等计算，有

$$f(x) - f(y) \leqslant \nabla f(x)^\mathrm{T}(x - y) - \frac{\alpha}{2}\|x - y\|_2^2$$

$$\leqslant \|\nabla f(x)\|_* \|x - y\| - \frac{\alpha}{2}\|x - y\|_2^2$$

$$\leqslant \frac{1}{2\alpha}\|\nabla f(x)\|_*^2$$

取 $y = x^*$ 可得要证明的结论.

我们现在可以证明定理 6.8.   □

证明   在定理 6.7 的证明过程中，我们发现

$$\delta_{s+1} \leqslant \delta_s - \frac{1}{2\sum\limits_{i=1}^n \beta_i^\gamma}(\|\nabla f(x_s)\|_{[1-\gamma]}^*)^2$$

另一方面，引理 6.9 说明了

$$(\|\nabla f(x_s)\|_{[1-\gamma]}^*)^2 \geqslant 2\alpha\delta_s$$

通过简单的计算可得出结论.   □

6.5 鞍点的随机加速

我们现在探讨随机性在鞍点计算中的应用. 我们考虑的是 5.2.1 节的随机 oracle, 它有以下形式: 给定 $z = (x, y) \in \mathcal{X} \times \mathcal{Y}$, 它输出 $\tilde{g}(z) = (\tilde{g}_x(x, y), \tilde{g}_y(x, y))$, 其中 $\mathbb{E}(\tilde{g}_x(x, y) | x, y) \in \partial_x \varphi(x, y)$ 和 $\mathbb{E}(\tilde{g}_y(x, y) | x, y) \in \partial_y(-\varphi(x, y))$. 不是像 SP-MD 那样使用真正的子梯度(参见 5.2.2 节). 我们在这里使用随机 oracle 的输出. 我们将得到的算法称为 S-SP-MD(随机鞍点镜像下降). 使用与 6.1 节和 5.2.2 节中相同的推理, 可以导出以下定理.

定理 6.10 假设随机 oracle 使得 $\mathbb{E}(\|\tilde{g}_x(x, y)\|_x^*)^2 \leqslant B_x^2$, $\mathbb{E}(\|\tilde{g}_y(x, y)\|_y^*)^2 \leqslant B_y^2$. 则 $a = \dfrac{B_x}{R_x}$, $b = \dfrac{B_y}{R_y}$, $\eta = \sqrt{\dfrac{2}{t}}$ 的 S-SP-MD 满足

$$\mathbb{E}\left(\max_{y \in \mathcal{Y}} \varphi\left(\frac{1}{t}\sum_{s=1}^{t} x_s, y\right) - \min_{x \in \mathcal{X}} \varphi\left(x, \frac{1}{t}\sum_{s=1}^{t} y_s\right)\right) \leqslant (R_x B_x + R_y B_y)\sqrt{\frac{2}{t}}$$

使用 S-SP-MD, 我们回顾了 5.2.4 节和 5.2.4 节的例子. 在这两种情况下, $\varphi(x, y) = x^T A y$(A_i 是 A 的第 i 列), 因此有 $\nabla_x \varphi(x, y) = Ay$ 和 $\nabla_y \varphi(x, y) = A^T x$.

矩阵博弈. 在这里 $x \in \Delta_n$, $y \in \Delta_m$, 因此就有一个自然的随机 oracle:

$$\tilde{g}_x(x, y) = A_I, \text{ 其中 } I \in [m] \text{ 服从 } y \in \Delta_m \text{ 和 } \forall i \in [m] \tag{6.4}$$

$$\tilde{g}_y(x, y)(i) = A_i(J), \text{ 其中 } J \in [n] \text{ 服从 } x \in \Delta_n \tag{6.5}$$

显然 $\|\tilde{g}_x(x, y)\|_\infty \leqslant \|A\|_{\max}$ 和 $\|\tilde{g}_x(x, y)\|_\infty \leqslant \|A\|_{\max}$, 这意味着 S-SP-MD 通过 $O(\|A\|_{\max}^2 \log(n+m)/\varepsilon^2)$ 次迭代获得 ε-最优点对. 此外, S-SP-MD 的一个步骤的计算复杂性主要取决于 $O(n+m)$ 的指数 I 和 J. 因此,

用 S-SP-MD 得到 ε-最优纳什均衡的总体复杂性为 $O(\|A\|_{\max}^2(n+m)$ $\log(n+m)/\varepsilon^2)$. 而 S-SP-MD 对 ε 的依赖性比 SP-MP 的差（参见 5.2.4 节），对维度的依赖性是 $\widetilde{O}(n+m)$，而不是 $\widetilde{O}(nm)$. 尤其令人惊讶的是，这是矩阵 A 大小的次线性. Grigoriadis 和 Khachiyan[1995]首次发现到关于这个问题的次线性算法的可能性.

线性分类. 这里 $x\in B_{2,n}$ 和 $y\in \Delta_m$. 因此 x-次梯度的随机 oracle 可以取为(6.4)的 oracle，但是对于 y-次梯度我们修改了(6.5)，如下所示. 对于向量 x，我们用 x^2 表示向量 $x^2(i)=x(i)^2$. 对于所有 $i\in[m]$，

$$\widetilde{g}_y(x,y)(i)=\frac{\|x\|^2}{x(j)}A_i(J)，\text{其中 } J\in[n] \text{服从} \frac{x^2}{\|x\|_2^2}\in\Delta_n. \text{ 注意，确实有}$$

$$\mathbb{E}(\widetilde{g}_y(x,y)(i)\mid x,y)=\sum_{j=1}^n x(j)A_i(j)=(A^{\mathrm{T}}x)(i). \text{ 此外还有} \|\widetilde{g}_x$$

$(x,y)\|_2\leqslant B,$

$$\mathbb{E}(\|\widetilde{g}_y(x,y)\|_\infty^2\mid x,y)=\sum_{j=1}^n \frac{x(j)^2}{\|x\|_2^2}\max_{i\in[m]}\left(\frac{\|x\|^2}{x(j)}A_i(j)\right)^2\leqslant\sum_{j=1}^n\max_{i\in[m]}A_i(j)^2$$

不幸的是，最后一项的复杂性可能是 $O(n)$. 然而，我们可以用局部范数对镜像下降做更细致的分析，从而证明"局部方差"是与维度无关的. 我们参考 Bubeck 和 Cesa-Bianchi[2012]，以了解更多关于局部范数的细节，并参考 Clarkson et al. [2012]关于线性分类情况的具体细节.

6.6　凸松弛与随机取整

在这一节中，我们简要地讨论了凸松弛的概念，并使用随机化来寻找近似解. 到目前为止，已经有大量关于这些主题的文献，我们可以参考 Barak[2014]获得进一步的建议.

我们在这里研究 MAX CUT 的开创性例子. 这个问题可以描述如下.

设 $A \in \mathbb{R}_+^{n \times n}$ 为非负权重的对称矩阵. 元素 $A_{i,j}$ 被解释为点 i 和点 j 之间 "不同性" 的度量. 我们的目标是把 $[n]$ 分成两组, $S \subset [n]$ 和 S^c, 从而最大化这两组之间的差异: $\sum\limits_{i \in S, j \in S^c} A_{i,j}$ 等价地, MAX CUT 对应于以下优化问题:

$$\max_{x \in \{-1,1\}^n} \frac{1}{2} \sum_{i,j=1}^n A_{i,j} (x_i - x_j)^2 \tag{6.6}$$

将 A 看作图的 (加权) 邻接矩阵, 可以重写 (6.6) 如下所示, 使用图 Laplacian $L = D - A$, 其中 D 是带分量 $\left(\sum\limits_{j=1}^n A_{i,j} \right)_{i \in [n]}$ 的对角矩阵,

$$\max_{x \in \{-1,1\}^n} x^\mathrm{T} L x \tag{6.7}$$

结果表明, 该优化问题是 NP-难问题, 也就是说, 存在一个求解 (6.7) 的多项式时间算法, 这将证明 $\mathbf{P} = \mathbf{NP}$. 这个问题的组合困难源于超立方体约束. 实际上, 如果用欧几里得球代替 $\{-1, 1\}^n$, 则得到一个有效可解的问题 (这是计算 L 最大特征值的问题).

我们现在证明, 当 (6.7) 是一个比较困难的优化问题时, 利用随机化的能力, 实际上可以找到比较好的近似解. 让 ζ 均匀分布在超立方体 $\{-1, 1\}^n$ 上, 然后可以清楚得到

$$\mathbb{E} \zeta^\mathrm{T} L \zeta = \sum_{i,j=1, i \neq j}^n A_{i,j} \geqslant \frac{1}{2} \max_{x \in \{-1,1\}^n} x^\mathrm{T} L x$$

这意味着, 基本上, ζ 是 (6.7) 的 $1/2$-近似解. 此外, 上述期望边界说明, 在概率至少为 ε 的情况下, ζ 是 $(1/2 - \varepsilon)$-近似解. 因此, 通过从超立方体中均匀地重复采样, 可以任意接近 (概率接近 1) MAX CUT 的 $1/2$ 近似值.

其次, 我们证明了结合凸优化和随机化的能力可以得到更好的近似比. Goemans 和 Williamson[1995] 开创了这种方法. Goemans-Williamson 算法基

于以下不等式：

$$\max_{x\in\{-1,1\}^n} x^{\mathrm{T}}Lx = \max_{x\in\{-1,1\}^n} \langle L,\, xx^{\mathrm{T}}\rangle \leqslant \max_{x\in\mathbb{S}_+^n,\, X_{i,i}=1,\, i\in[n]} \langle L,\, X\rangle$$

上面不等式的右侧称为 MAX CUT 的凸（或 SDP）松弛. 凸松弛是一个 SDP，因此可以用内点法有效地找到它的解（见 5.3 节）. 下面的结果说明了 Goemans-Williamson 策略和相应的近似比.

定理 6.11　设 Σ 为 MAX CUT 的 SDP 松弛的解. 设 $\xi\sim\mathcal{N}(0,\Sigma)$ 和 $\zeta=\mathrm{sign}(\xi)\in\{-1,\,1\}^n$. 那么

$$\mathbb{E}\zeta^{\mathrm{T}}L\zeta\geqslant 0.878 \max_{x\in\{-1,1\}^n} x^{\mathrm{T}}Lx$$

这一结果的证明基于以下的初等几何引理.

引理 6.12　设 $\xi\sim\mathcal{N}(0,\Sigma)$，对于 $i\in[n]$ 有 $\Sigma_{i,i}=1$，$\zeta=\mathrm{sign}(\xi)$. 那么

$$\mathbb{E}\zeta_i\zeta_j = \frac{2}{\pi}\arcsin(\Sigma_{i,j})$$

证明　设 $V\in\mathbb{R}^{n\times n}$（第 i 行是 V_i^{T}）使得 $\Sigma=VV^{\mathrm{T}}$. 注意，由于 $\Sigma_{i,i}=1$，所以有 $\|V_i\|_2=1$（也要注意，必须有 $|\Sigma_{i,j}|\leqslant 1$，这在定理 6.11 的证明里很重要）. 设 $\varepsilon\sim\mathcal{N}(0,I_n)$ 满足 $\xi=V\varepsilon$. 则 $\zeta_i=\mathrm{sign}(V_i^{\mathrm{T}}\varepsilon)$，尤其是

$$\begin{aligned}
\mathbb{E}\zeta_i\zeta_j &= \mathbb{P}(V_i^{\mathrm{T}}\varepsilon\geqslant 0,\, V_j^{\mathrm{T}}\varepsilon\geqslant 0)+\mathbb{P}(V_i^{\mathrm{T}}\varepsilon\leqslant 0,\, V_j^{\mathrm{T}}\varepsilon\leqslant 0-\mathbb{P}(V_i^{\mathrm{T}}\varepsilon\geqslant 0,\, V_j^{\mathrm{T}}\varepsilon<0) \\
&\quad -\mathbb{P}(V_i^{\mathrm{T}}\varepsilon<0,\, V_j^{\mathrm{T}}\varepsilon\geqslant 0) \\
&= 2\mathbb{P}(V_i^{\mathrm{T}}\varepsilon\geqslant 0,\, V_j^{\mathrm{T}}\varepsilon\geqslant 0)-2\mathbb{P}(V_i^{\mathrm{T}}\varepsilon\geqslant 0,\, V_j^{\mathrm{T}}\varepsilon<0) \\
&= \mathbb{P}(V_j^{\mathrm{T}}\varepsilon\geqslant 0\,|\,V_i^{\mathrm{T}}\varepsilon\geqslant 0)-\mathbb{P}(V_j^{\mathrm{T}}\varepsilon<0\,|\,V_i^{\mathrm{T}}\varepsilon\geqslant 0) \\
&= 1-2\mathbb{P}(V_j^{\mathrm{T}}\varepsilon<0\,|\,V_i^{\mathrm{T}}\varepsilon\geqslant 0)
\end{aligned}$$

现在证明 $\mathbb{P}(V_j^{\mathrm{T}}\varepsilon<0\,|\,V_i^{\mathrm{T}}\varepsilon\geqslant 0)=\dfrac{1}{\pi}\arccos(V_i^{\mathrm{T}}V_j)$（回想一下 $\varepsilon/\|\varepsilon\|_2$ 在欧氏

球面上是一致的). 使用 $V_i^T V_j = \Sigma_{i,j}$ 和 $\arccos(x) = \dfrac{\pi}{2} - \arcsin(x)$ 的事实可得证明.   □

我们现在可以开始证明定理 6.11.

证明   我们将使用以下不等式:

$$1 - \frac{2}{\pi}\arcsin(t) \geq 0.878(1-t), \quad \forall\, t \in [-1,\ 1] \tag{6.8}$$

也要注意, 对于 $X \in \mathbb{R}^{n \times n}$ 使得 $X_{i,i} = 1$, 有

$$\langle L,\ X \rangle = \sum_{i,\ j=1}^{n} A_{i,j}(1 - X_{i,j})$$

特别是对于 $x \in \{-1,\ 1\}^n$, $x^T L x = \displaystyle\sum_{i,\ j=1}^{n} A_{i,j}(1 - x_i x_j)$. 因此, 使用引理 6.12, 以及 $A_{i,j} \geq 0$ 和 $|\Sigma_{i,j}| \leq 1$ 的事实(参见引理 6.12 的证明), 有

$$
\begin{aligned}
\mathbb{E}\zeta^T L \zeta &= \sum_{i,\ j=1}^{n} A_{i,j}\left(1 - \frac{2}{\pi}\arcsin(\Sigma_{i,j})\right) \\
&\geq 0.878 \sum_{i,\ j=1}^{n} A_{i,j}(1 - \Sigma_{i,j}) \\
&= 0.878 \max_{X \in \mathbb{S}_+^n,\, X_{i,i}=1, i \in [n]} \langle L,\ X \rangle \\
&\geq 0.878 \max_{x \in \{-1,1\}^n} x^T L x \qquad\qquad\quad □
\end{aligned}
$$

定理 6.11 取决于拉普拉斯 L 的形式(在使用(6.8)的情况下). 接下来, 我们给出了 Nesterov[1997]的一个结果, 它适用于任何半正定矩阵, 以耗费近似常数作为代价. 准确地说, 我们现在对以下优化问题感兴趣:

$$\max_{x \in \{-1,1\}^n} x^T B x \tag{6.9}$$

相应的 SDP 松弛是

$$\max_{X \in \mathbb{S}_+^n,\, X_{i,i=1},\, i \in [n]} \langle B,\ X \rangle$$

定理 6.13 设 Σ 为 (6.9) SDP 松弛的解. 设 $\xi \sim \mathcal{N}(0, \Sigma)$ 和 $\zeta = \text{sign}(\xi) \in \{-1, 1\}^n$. 那么

$$\mathbb{E}\zeta^{\mathsf{T}}B\zeta \geqslant \frac{2}{\pi} \max_{x \in \{-1,1\}^n} x^{\mathsf{T}}Bx$$

证明 引理 6.12 表明

$$\mathbb{E}\zeta^{\mathsf{T}}B\zeta = \sum_{i,j=1}^{n} B_{i,j} \frac{2}{\pi}\arcsin(X_{i,j}) = \frac{2}{\pi}\langle B, \arcsin(X)\rangle$$

因此，为了证明结果，充足观察到 $\langle B, \arcsin(\Sigma)\rangle \geqslant \langle B, \Sigma\rangle$，这本身就是由 $\arcsin(\Sigma) \geqslant \Sigma$ 所说明的（由于 B 是半正定的，所以含义是真的，只需写出特征分解）. 现在我们用泰勒展开证明后一个不等式. 回忆 $|\Sigma_{i,j}| \leqslant 1$，因此用 $A^{\circ\alpha}$ 表示矩阵的元素被转换成以 α 为幂的形式.

$$\arcsin(\Sigma) = \sum_{k=0}^{+\infty} \frac{\binom{2k}{k}}{4^k(2k+1)} \Sigma^{\circ(2k+1)} = \Sigma + \sum_{k=1}^{+\infty} \frac{\binom{2k}{k}}{4^k(2k+1)} \Sigma^{\circ(2k+1)}$$

最后，如果 $A, B \geqslant 0$，那么 $A \circ B \geqslant 0$，就可以用这个事实来总结. 这可以通过写成 $A = VV^{\mathsf{T}}$, $B = UU^{\mathsf{T}}$ 来观察，因此

$$(A \circ B)_{i,j} = V_i^{\mathsf{T}}V_j U_i^{\mathsf{T}}U_j = \text{Tr}(U_j V_j^{\mathsf{T}}V_i U_i^{\mathsf{T}}) = \langle V_i U_i^{\mathsf{T}}, V_j U_j^{\mathsf{T}}\rangle$$

换句话说，$A \circ B$ 是一个 Gram 矩阵，因此它是半正定的. $\qquad\square$

6.7 基于随机游动的方法

随机化提出了有关重心法（见 2.1 节）的核心，以此避免重心的精确计算. Bertsimas and Vempala[2004] 提出并发展了这一想法. 下面我们将简要介绍随机化的主要做法.

假设在当前集合 $\mathcal{S}_t$ 均匀随机地取出服从相互独立的点 $X_1, \cdots, X_N$,

可以用 $\hat{c}_t = \dfrac{1}{N}\sum_{i=1}^{N} X_i$ 代替 c_t. Bertsimas and Vempala[2004]证明了引理
2.2 的以下推广：当一个凸集切入一个接近重心的点时. 回想一下，如果
$\mathbb{E}X = 0$ 和 $\mathbb{E}XX^{\mathrm{T}} = I_n$，那么凸集 $\mathcal{K}$ 处于各向同性位置，其中 X 是从 $\mathcal{K}$ 均
匀随机抽取的随机变量. 特别注意，这意味着 $\mathbb{E}\|X\|_2^2 = n$. 我们还说，如
果 $\dfrac{1}{2}I_n \leqslant \mathbb{E}XX^{\mathrm{T}} \leqslant \dfrac{3}{2}I_n$，那么 $\mathcal{K}$ 处于接近-各向同性位置.

引理 6.14   设 $\mathcal{K}$ 是各向同性位置上的凸集. 那么对于任何 $w \in \mathbb{R}^n$，
$w \neq 0$，$z \in \mathbb{R}^n$，有

$$\mathrm{Vol}(\mathcal{K} \cap \{x \in \mathbb{R}^n : (x-z)^{\mathrm{T}}w \geqslant 0\}) \geqslant \left(\frac{1}{e} - \|z\|_2\right)\mathrm{Vol}(\mathcal{K})$$

因此，如果可以确保 $\mathcal{S}_t$ 处于(接近)各向同性位置，并且 $\|c_t - \hat{c}_t\|_2$ 很
小(比如小于 0.1)，那么随机重心法(用 $\hat{c}_t$ 代替 c_t)将以与原始重心法相同
的速度收敛.

假设 $\mathcal{S}_t$ 在各向同性位置，我们可以得到 $\mathbb{E}\|c_t - \hat{c}_t\|_2^2 = \dfrac{n}{N}$，因此根据
切比雪夫不等式，有 $\mathbb{P}(\|c_t - \hat{c}_t\|_2 > 0.1) \leqslant 100\dfrac{n}{N}$. 换句话说，在 $N = O(n)$ 的情况下，可以确保随机重心法在迭代的恒定部分上取得进展(为
了确保每一步的进展，由于联合界限，需要更大的 N 值，但这是不必
要的).

现在考虑将 $\mathcal{S}_t$ 置于接近-各向同性位置的问题. 设 $\hat{\Sigma}_t = \dfrac{1}{N}\sum_{i=1}^{N}(X_i - \hat{c}_t)(X_i - \hat{c}_t)^{\mathrm{T}}$. Rudelson[1999]表明，只要 $N = \hat{\Omega}(n)$，就有很高的概率
(至少说概率是 $1 - 1/n^2$)集合 $\hat{\Sigma}_t^{-1/2}(\mathcal{S}_t - \hat{c}_t)$ 处于接近-各向同性的位置.

因此，只剩下解释如何从一个接近-各向同性的凸集 $\mathcal{K}$ 采样. 这就产

生随机游动的想法. 肇事逃逸步行$^\ominus$描述如下：在一个点 $x\in\mathcal{K}$，设 $\mathcal{L}$ 为一条均匀随机的方向穿过 x 的线，然后移动到 $\mathcal{L}\bigcap\mathcal{K}$ 中均匀随机选择的点. Lovász[1998]表明，如果肇事逃逸步行的起点是从一个"足够接近"$\mathcal{K}$ 上的均匀分布获得的，然后，在 $O(n^3)$ 步之后，最后一点的分布与 $\mathcal{K}$ 上的均匀分布相距 ε（总变化）. 在随机重心法中，通过使用关于 $\mathcal{S}_{t-1}$ 获得的分布，可以获得关于 $\mathcal{S}_t$ 的良好初始分布. 为了正确地初始化整个过程，我们从 $\mathcal{S}_1=[-L,L]^n\supset\mathcal{X}$ 开始（在 2.1 节中，我们使用了 $\mathcal{S}_1=\mathcal{X}$），因此我们还必须在迭代期间使用分离 oracle，其中$\hat{c}_t\notin\mathcal{X}$，就像我们对椭球法所做的处理那样（见 2.2 节）.

在结束上述讨论后，我们（非正式地）说明，要使用随机重心法获得 ε-最优点，需要 $\tilde{O}(n)$ 迭代，每次迭代需要来自 $\mathcal{S}_t$ 的 $\tilde{O}(n)$ 个随机样本（以便将其放置在各向同性的位置）以及对分离 oracle 或一阶 oracle 的调用，每个样本需要随机游动的 $\tilde{O}(n^3)$ 个步骤. 因此，总的来说，需要对分离 oracle 和一阶 oracle 进行 $\tilde{O}(n)$ 调用，以及对随机游动的 $\tilde{O}(n^5)$ 步骤进行调用.

$\ominus$　其他随机游动也因这个问题而闻名，但肇事逃逸是理论上最有保证的一种. 奇怪的是，我们注意到其中一个行走与投影梯度下降密切相关，见 Bubeck et al. [2015a].

参 考 文 献

A. Agarwal and L. Bottou. A lower bound for the optimization of finite sums. *Arxiv preprint arXiv:1410.0723*, 2014.

Z. Allen-Zhu and L. Orecchia. Linear coupling: An ultimate unification of gradient and mirror descent. *Arxiv preprint arXiv:1407.1537*, 2014.

K. M. Anstreicher. Towards a practical volumetric cutting plane method for convex programming. *SIAM Journal on Optimization*, 9(1):190–206, 1998.

J.Y Audibert, S. Bubeck, and R. Munos. Bandit view on noisy optimization. In S. Sra, S. Nowozin, and S. Wright, editors, *Optimization for Machine Learning*. MIT press, 2011.

J.Y. Audibert, S. Bubeck, and G. Lugosi. Regret in online combinatorial optimization. *Mathematics of Operations Research*, 39:31–45, 2014.

F. Bach. Learning with submodular functions: A convex optimization perspective. *Foundations and Trends® in Machine Learning*, 6(2-3):145–373, 2013.

F. Bach and E. Moulines. Non-strongly-convex smooth stochastic approximation with convergence rate o(1/n). In *Advances in Neural Information Processing Systems (NIPS)*, 2013.

F. Bach, R. Jenatton, J. Mairal, and G. Obozinski. Optimization with sparsity-inducing penalties. *Foundations and Trends® in Machine Learning*, 4(1):1–106, 2012.

B. Barak. Sum of squares upper bounds, lower bounds, and open questions. Lecture Notes, 2014.

A. Beck and M. Teboulle. Mirror Descent and nonlinear projected subgradient methods for convex optimization. *Operations Research Letters*, 31(3):167–175, 2003.

A. Beck and M. Teboulle. A fast iterative shrinkage-thresholding algorithm for linear inverse problems. *SIAM Journal on Imaging Sciences*, 2(1):183–202, 2009.

A. Ben-Tal and A. Nemirovski. *Lectures on modern convex optimization: analysis, algorithms, and engineering applications*. Society for Industrial and Applied Mathematics (SIAM), 2001.

D. Bertsimas and S. Vempala. Solving convex programs by random walks. *Journal of the ACM*, 51:540–556, 2004.

S. Boyd and L. Vandenberghe. *Convex Optimization*. Cambridge University Press, 2004.

S. Boyd, N. Parikh, E. Chu, B. Peleato, and J. Eckstein. Distributed optimization and statistical learning via the alternating direction method of multipliers. *Foundations and Trends® in Machine Learning*, 3(1):1–122, 2011.

S. Bubeck. Introduction to online optimization. Lecture Notes, 2011.

S. Bubeck and N. Cesa-Bianchi. Regret analysis of stochastic and nonstochastic multi-armed bandit problems. *Foundations and Trends® in Machine Learning*, 5(1):1–122, 2012.

S. Bubeck and R. Eldan. The entropic barrier: a simple and optimal universal self-concordant barrier. *Arxiv preprint arXiv:1412.1587*, 2014.

S. Bubeck, R. Eldan, and J. Lehec. Sampling from a log-concave distribution with projected langevin monte carlo. *Arxiv preprint arXiv:1507.02564*, 2015a.

S. Bubeck, Y.-T. Lee, and M. Singh. A geometric alternative to nesterov's accelerated gradient descent. *Arxiv preprint arXiv:1506.08187*, 2015b.

E. Candès and B. Recht. Exact matrix completion via convex optimization. *Foundations of Computational mathematics*, 9(6):717–772, 2009.

A. Cauchy. Méthode générale pour la résolution des systemes d'équations simultanées. *Comp. Rend. Sci. Paris*, 25(1847):536–538, 1847.

N. Cesa-Bianchi and G. Lugosi. *Prediction, Learning, and Games*. Cambridge University Press, 2006.

A. Chambolle and T. Pock. A first-order primal-dual algorithm for convex problems with applications to imaging. *Journal of Mathematical Imaging and Vision*, 40(1):120–145, 2011.

K. Clarkson, E. Hazan, and D. Woodruff. Sublinear optimization for machine learning. *Journal of the ACM*, 2012.

A. Conn, K. Scheinberg, and L. Vicente. *Introduction to Derivative-Free Optimization*. Society for Industrial and Applied Mathematics (SIAM), 2009.

T. M. Cover. 1990 shannon lecture. *IEEE information theory society newsletter*, 42(4), 1992.

A. d'Aspremont. Smooth optimization with approximate gradient. *SIAM Journal on Optimization*, 19(3):1171–1183, 2008.

A. Defazio, F. Bach, and S. Lacoste-Julien. Saga: A fast incremental gradient method with support for non-strongly convex composite objectives. In *Advances in Neural Information Processing Systems (NIPS)*, 2014.

O. Dekel, R. Gilad-Bachrach, O. Shamir, and L. Xiao. Optimal distributed online prediction using mini-batches. *Journal of Machine Learning Research*, 13:165–202, 2012.

J. Duchi, S. Shalev-Shwartz, Y. Singer, and A. Tewari. Composite objective mirror descent. In *Proceedings of the 23rd Annual Conference on Learning Theory (COLT)*, 2010.

J. C. Dunn and S. Harshbarger. Conditional gradient algorithms with open loop step size rules. *Journal of Mathematical Analysis and Applications*, 62 (2):432–444, 1978.

M. Frank and P. Wolfe. An algorithm for quadratic programming. *Naval research logistics quarterly*, 3(1-2):95–110, 1956.

M. P. Friedlander and P. Tseng. Exact regularization of convex programs. *SIAM Journal on Optimization*, 18(4):1326–1350, 2007.

M. Goemans and D. Williamson. Improved approximation algorithms for maximum cut and satisfiability problems using semidefinite programming. *Journal of the ACM*, 42(6):1115–1145, 1995.

M. D. Grigoriadis and L. G. Khachiyan. A sublinear-time randomized approximation algorithm for matrix games. *Operations Research Letters*, 18: 53–58, 1995.

B. Grünbaum. Partitions of mass-distributions and of convex bodies by hyperplanes. *Pacific J. Math*, 10(4):1257–1261, 1960.

T. Hastie, R. Tibshirani, and J. Friedman. *The Elements of Statistical Learning*. Springer, 2001.

E. Hazan. The convex optimization approach to regret minimization. In S. Sra, S. Nowozin, and S. Wright, editors, *Optimization for Machine Learning*, pages 287–303. MIT press, 2011.

M. Jaggi. Revisiting frank-wolfe: Projection-free sparse convex optimization. In *Proceedings of the 30th International Conference on Machine Learning (ICML)*, pages 427–435, 2013.

P. Jain, P. Netrapalli, and S. Sanghavi. Low-rank matrix completion using alternating minimization. In *Proceedings of the Forty-fifth Annual ACM Symposium on Theory of Computing*, STOC '13, pages 665–674, 2013.

R. Johnson and T. Zhang. Accelerating stochastic gradient descent using predictive variance reduction. In *Advances in Neural Information Processing Systems (NIPS)*, 2013.

L. K. Jones. A simple lemma on greedy approximation in hilbert space and convergence rates for projection pursuit regression and neural network training. *Annals of Statistics*, pages 608–613, 1992.

A. Juditsky and A. Nemirovski. First-order methods for nonsmooth convex large-scale optimization, i: General purpose methods. In S. Sra, S. Nowozin, and S. Wright, editors, *Optimization for Machine Learning*, pages 121–147. MIT press, 2011a.

A. Juditsky and A. Nemirovski. First-order methods for nonsmooth convex large-scale optimization, ii: Utilizing problem's structure. In S. Sra, S. Nowozin, and S. Wright, editors, *Optimization for Machine Learning*, pages 149–183. MIT press, 2011b.

N. Karmarkar. A new polynomial-time algorithm for linear programming. *Combinatorica*, 4:373–395, 1984.

S. Lacoste-Julien, M. Schmidt, and F. Bach. A simpler approach to obtaining an o (1/t) convergence rate for the projected stochastic subgradient method. *arXiv preprint arXiv:1212.2002*, 2012.

N. Le Roux, M. Schmidt, and F. Bach. A stochastic gradient method with an exponential convergence rate for strongly-convex optimization with finite training sets. In *Advances in Neural Information Processing Systems (NIPS)*, 2012.

Y.-T. Lee and A. Sidford. Path finding i :solving linear programs with Ã฿(sqrt(rank)) linear system solves. *Arxiv preprint arXiv:1312.6677*, 2013.

Y.-T. Lee, A. Sidford, and S. C.-W Wong. A faster cutting plane method and its implications for combinatorial and convex optimization. *abs/1508.04874*, 2015.

A. Levin. On an algorithm for the minimization of convex functions. In *Soviet Mathematics Doklady*, volume 160, pages 1244–1247, 1965.

L. Lovász. Hit-and-run mixes fast. *Math. Prog.*, 86:443–461, 1998.

G. Lugosi. Comment on: ℓ_1-penalization for mixture regression models. *Test*, 19(2):259–263, 2010.

N. Maculan and G. G. de Paula. A linear-time median-finding algorithm for projecting a vector on the simplex of rn. *Operations research letters*, 8(4): 219–222, 1989.

A. Nemirovski. Orth-method for smooth convex optimization. *Izvestia AN SSSR, Ser. Tekhnicheskaya Kibernetika*, 2, 1982.

A. Nemirovski. Information-based complexity of convex programming. *Lecture Notes*, 1995.

A. Nemirovski. Prox-method with rate of convergence o (1/t) for variational inequalities with lipschitz continuous monotone operators and smooth convex-concave saddle point problems. *SIAM Journal on Optimization*, 15(1):229–251, 2004a.

A. Nemirovski. Interior point polynomial time methods in convex programming. *Lecture Notes*, 2004b.

A. Nemirovski and D. Yudin. *Problem Complexity and Method Efficiency in Optimization*. Wiley Interscience, 1983.

Y. Nesterov. A method of solving a convex programming problem with convergence rate o$(1/k^2)$. *Soviet Mathematics Doklady*, 27(2):372–376, 1983.

Y. Nesterov. Quality of semidefinite relaxation for nonconvex quadratic optimization. CORE Discussion Papers 1997019, Université catholique de Louvain, Center for Operations Research and Econometrics (CORE), 1997.

Y. Nesterov. *Introductory lectures on convex optimization: A basic course*. Kluwer Academic Publishers, 2004a.

Y. Nesterov. Smooth minimization of non-smooth functions. *Mathematical programming*, 103(1):127–152, 2004b.

Y. Nesterov. Gradient methods for minimizing composite objective function. Core discussion papers, Université catholique de Louvain, Center for Operations Research and Econometrics (CORE), 2007.

Y. Nesterov. Efficiency of coordinate descent methods on huge-scale optimization problems. *SIAM Journal on Optimization*, 22:341 362, 2012.

Y. Nesterov and A. Nemirovski. *Interior-point polynomial algorithms in convex programming.* Society for Industrial and Applied Mathematics (SIAM), 1994.

D. Newman. Location of the maximum on unimodal surfaces. *Journal of the ACM*, 12(3):395–398, 1965.

J. Nocedal and S. J. Wright. *Numerical Optimization.* Springer, 2006.

N. Parikh and S. Boyd. Proximal algorithms. *Foundations and Trends® in Optimization*, 1(3):123–231, 2013.

A. Rakhlin. Lecture notes on online learning. 2009.

J. Renegar. *A mathematical view of interior-point methods in convex optimization*, volume 3. Siam, 2001.

P. Richtárik and M. Takác. Parallel coordinate descent methods for big data optimization. *Arxiv preprint arXiv:1212.0873*, 2012.

H. Robbins and S. Monro. A stochastic approximation method. *Annals of Mathematical Statistics*, 22:400–407, 1951.

R. Rockafellar. *Convex Analysis.* Princeton University Press, 1970.

M. Rudelson. Random vectors in the isotropic position. *Journal of Functional Analysis*, 164:60–72, 1999.

M. Schmidt, N. Le Roux, and F. Bach. Convergence rates of inexact proximal-gradient methods for convex optimization. In *Advances in neural information processing systems*, pages 1458–1466, 2011.

B. Schölkopf and A. Smola. *Learning with kernels.* MIT Press, 2002.

S. Shalev-Shwartz and S. Ben-David. *Understanding Machine Learning: From Theory to Algorithms.* Cambridge University Press, 2014.

S. Shalev-Shwartz and T. Zhang. Stochastic dual coordinate ascent methods for regularized loss minimization. *Journal of Machine Learning Research*, 14:567–599, 2013a.

S. Shalev-Shwartz and T. Zhang. Accelerated mini-batch stochastic dual coordinate ascent. In *Advances in Neural Information Processing Systems (NIPS)*, 2013b.

W. Su, S. Boyd, and E. Candès. A differential equation for modeling nesterov's accelerated gradient method: Theory and insights. In *Advances in Neural Information Processing Systems (NIPS)*, 2014.

R. Tibshirani. Regression shrinkage and selection via the lasso. *Journal of the Royal Statistical Society. Series B (Methodological)*, 58(1):pp. 267–288, 1996.

P. Tseng. On accelerated proximal gradient methods for convex-concave optimization. 2008.

A. Tsybakov. Optimal rates of aggregation. In *Conference on Learning Theory (COLT)*, pages 303–313. 2003.

P. M. Vaidya. A new algorithm for minimizing convex functions over convex sets. In *Foundations of Computer Science, 1989., 30th Annual Symposium on*, pages 338–343, 1989.

P. M. Vaidya. A new algorithm for minimizing convex functions over convex sets. *Mathematical programming*, 73(3):291–341, 1996.

S. J. Wright, R. D. Nowak, and M. A. T. Figueiredo. Sparse reconstruction by separable approximation. *IEEE Transactions on Signal Processing*, 57 (7):2479–2493, 2009.

L. Xiao. Dual averaging methods for regularized stochastic learning and online optimization. *Journal of Machine Learning Research*, 11:2543–2596, 2010.

Y. Zhang and L. Xiao. Stochastic primal-dual coordinate method for regularized empirical risk minimization. *Arxiv preprint arXiv:1409.3257*, 2014.

推荐阅读

线性代数高级教程：矩阵理论及应用
作者：Stephan Ramon Garcia 等 ISBN：978-7-111-64004-2 定价：99.00元

矩阵分析（原书第2版）
作者：Roger A. Horn 等 ISBN：978-7-111-47754-9 定价：119.00元

代数（原书第2版）
作者：Michael Artin ISBN：978-7-111-48212-3 定价：79.00元

概率与计算：算法与数据分析中的随机化和概率技术（原书第2版）
作者：Michael Mitzenmacher 等 ISBN：978-7-111-64411-8 定价：99.00元

推荐阅读

泛函分析（原书第2版·典藏版）

作者：Walter Rudin　ISBN：978-7-111-65107-9　定价：79.00元

数学分析原理（英文版·原书第3版·典藏版）

作者：Walter Rudin　ISBN：978-7-111-61954-3　定价：69.00元

数学分析原理（原书第3版）

作者：Walter Rudin　ISBN：978-7-111-13417-6　定价：75.00元

实分析与复分析（英文版·原书第3版·典藏版）

作者：Walter Rudin　ISBN：978-7-111-61955-0　定价：79.00元

实分析与复分析（原书第3版）

作者：Walter Rudin　ISBN：978-7-111-17103-9　定价：79.00元

推荐阅读

凸优化教程（原书第2版）

作者：[俄] 尤里·涅斯捷罗大（Yurii Nesterov） 译者：周水生 书号：978-7-111-65989-1 定价：139.00元

本书由该领域的权威专家撰写，内容包括凸优化的算法理论的新进展，不但包含一阶、二阶极小化加速技术的一个统一且严格的表述，而且为读者提供了光滑化方法的完整处理，这极大地扩展了梯度类型方法的应用范围。此外，本书还详细讨论了结构优化的几种有效方法，包括相对尺度优化法和多项式时间内点法。